电子设计与嵌入式开发
实践丛书

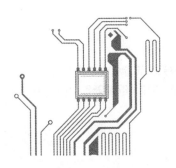

勇敢的芯
伴你玩转 Nios II

◎ 吴厚航　编著

清华大学出版社
北京

内 容 简 介

本书使用 Altera 公司的 Cyclone Ⅳ FPGA 器件，由浅入深地引领读者从嵌入式系统设计的大处着手，玩转软核处理器 Nios Ⅱ。基于特定的 FPGA 实验平台，既有足够的理论知识深度作支撑，也有丰富的例程进行实践学习，并且穿插着笔者多年 FPGA 学习和开发过程中的各种经验和技巧。

对于希望快速入手嵌入式系统软硬件开发的初学者，以及希望从系统层面提升嵌入式开发能力的学习者，本书都是很好的选择。

图书在版编目（CIP）数据

勇敢的芯伴你玩转 Nios Ⅱ/吴厚航编著. --北京：清华大学出版社，2016
（电子设计与嵌入式开发实践丛书）
ISBN 978-7-302-43784-0

Ⅰ．①勇…　Ⅱ．①吴…　Ⅲ．①微处理器－系统设计　Ⅳ．①TP332

中国版本图书馆 CIP 数据核字（2016）第 100113 号

责任编辑：刘　星
封面设计：刘　键
责任校对：徐俊伟
责任印制：沈　露

出版发行：清华大学出版社
　　　　　网　　　址：http://www.tup.com.cn, http://www.wqbook.com
　　　　　地　　　址：北京清华大学学研大厦 A 座　　　　　邮　　编：100084
　　　　　社 总 机：010-62770175　　　　　　　　　　　　邮　　购：010-62786544
　　　　　投稿与读者服务：010-62776969, c-service@tup.tsinghua.edu.cn
　　　　　质量反馈：010-62772015, zhiliang@tup.tsinghua.edu.cn
　　　　　课件下载：http://www.tup.com.cn, 010-62795954
印　刷　者：北京富博印刷有限公司
装　订　者：北京市密云县京文制本装订厂
经　　　销：全国新华书店
开　　　本：185mm×260mm　　印　　张：12.75　　　　字　　数：319 千字
版　　　次：2016 年 8 月第 1 版　　　　　　　　　　　印　　次：2016 年 8 月第 1 次印刷
印　　　数：1～2500
定　　　价：45.00 元

产品编号：069445-01

前　言

　　2015 年底的智能硬件展上，和 FPGA 原厂的两位大学计划经理闲聊的当儿，被问及对于诸如 Xilinx Microblaze 与 Altera Nios Ⅱ这样的 FPGA 内嵌软核处理器的看法时，笔者的第一反应便是"它的实用价值可能并不大，但是非常具有教学价值"。此话一出，大家也一定很好奇，且听笔者娓娓道来。

　　笔者以为，软核处理器哪怕是在今天的 Zynq 或 SoC FPGA（内嵌多个硬核 ARM Cortex-A9 处理器的 FPGA 器件）还未面世之时，它的实用性其实就一直颇具争议。硬核处理器经过优化设计，已经流片成型，用户拿到手以后，一般也无法再更改处理器本身的性能参数，其使用量通常也非常大，可靠性、稳定性都会做得很好；而反观 FPGA 中内嵌的软核处理器，其本身就不是针对任何一个特定器件型号的 FPGA 定制的，而是 FPGA 器件的一个"通用"软核，因此，它在 FPGA 器件上跑起来势必在性能上也会大打折扣，与此对应的，其可靠性、稳定性恐怕也欠佳。当然，并不是说在 FPGA 器件上跑起来的软核处理器就一定差强人意，笔者并没有一棍子打死的意思，并不排除某些发烧级 FPGA 设计者能够从时序设计和底层布局布线上将软核处理器的性能发挥到极致的情况，只是一般比较来看，硬核处理器确实在性能、成本、可靠性等方面相对于软核处理器都有更明显的优势。因此，放眼望去，很难找到有多少电子产品中用上了软核处理器，但与此相反的是硬核处理器则无处不在。

　　话说回来，FPGA 器件中内嵌的软核处理器也并非一无是处，否则它就没有存在的意义了，话说"存在即是合理"。一点不假，FPGA 器件中的软核处理器是可定制的，它的性能水平通常有多个可选项供设计者"编程"设定，并且其周边的外设也可以完全"定制化"，从这点来看它比硬核处理器要灵活很多。某些特别需要这种"灵活定制"的场合通过软核处理器还真是"门当户对"了，只是要玩转这样一个灵活的嵌入式处理器系统也并非易事，它涉及纯粹的软、硬件设计以及 FPGA 等多方面的知识，一个能真正玩转软核处理器"灵活性"的FPGA 设计者，一定对处理器及其外设架构了然于心。换句话说，如果大家都还记得当年大学里面那门纯理论的"微机原理"课程，那么玩转软核处理器的过程就是"活生生"的实践版"微机原理"课程的再现。

　　说到这，或许读者有些明白了，没有错，之所以说 FPGA 器件的软核处理器具有很高的教学价值，就是基于它的实践过程中能够帮助读者对整个处理器的架构有更清楚的了解和

Foreword

认知。比如笔者在学习 Nios Ⅱ 处理器的过程中，需要将处理器的数据总线、指令总线和外设进行连接；需要分配地址；需要连接中断；需要自己编写外设连接到总线上；需要揣摩外设的寻址方式、读和写时序，甚至一些常见通信接口的时序……的确，掌握了这些东西，很大程度上就能帮助学习者对嵌入式系统的整个架构有了一个更全面的认知，这些体验是传统理论书本给不了的。除此以外，它也是很多正式产品开发调试过程中的好帮手，例如在很多产品的原型开发或测试验证阶段，恰巧需要一个简单的 CPU 干点活，这时软核处理器也就派上用场了。

以笔者自身的经历来说，也正是通过软核处理器的"磨练"，才对软硬件的认知有了很大的提升，虽然这些年多从事偏于硬件设计方面的工作（包括一些 FPGA 设计工作），但是在很多的调试过程中，尤其是需要软硬件协同调试的过程中，往往能够快速地区分和定位问题是出于软件还是硬件，甚至还能够协助软件工程师解决一些具体的问题。笔者以为，软核处理器的教学意义在于，它能够帮助学习者深入了解处理器系统设计的架构。而在如今的电子产品设计中，软硬件分工越来越细，很难在实际的开发过程中跨越"鸿沟"，但是具备这样系统性设计思维的工程师，必定是"人见人爱"的。

基于以上这些考量，笔者在第一本 Nios Ⅱ 图书《爱上 FPGA 开发——特权和你一起学 Nios Ⅱ》出版五年后（由于书中的平台较旧，考虑到市场因素，第一次印刷售罄后就没有复印），决定重新梳理这方面的知识，在 Quartus Ⅱ 的 Qsys 平台上大干一场，同时借助 Altera Cyclone Ⅳ FPGA 入门平台"勇敢的芯"（可访问淘宝网店了解该 FPGA 平台详情：https://myfpga.taobao.com/），和大家一起重拾玩转 Nios Ⅱ 嵌入式处理器的激情。

作 者

2016 年 1 月于上海

目 录

Contents

第1章

基于 Nios Ⅱ 处理器的嵌入式系统

1.1 片上系统概述

数字电路高度集成化是现代电子发展的大势所趋,片上系统(SOPC)的概念也就应运而生。它是指在单个芯片上集成一个完整的系统,一般包括系统级芯片控制逻辑模块、微处理器/微控制器内核模块、数字信号处理器模块、存储器或存储器控制模块、与外部通信的各种接口协议模块、含有 ADC/DAC 的模拟前端模块、电源及功耗管理模块,它是一个具备特定功能、应用于特定产品的高度集成电路。

片上系统其实就是系统小型化的代名词。如图 1.1 所示,一个相对复杂的系统采用传统的设计方案可能需要一个 CPU 做整体控制,一个 FPGA 做接口的逻辑粘合和一些信号的预处理,还需要一个 DSPs 做复杂的算法实现,Flash 和 SDRAM 分别作为程序存储器和数据缓存器,此外还会有一些专用的外设模块,这些器件都放置在一块或者数块电路板上。这样一个系统显得相当繁杂,不仅调试难度大,而且系统维护也不方便。

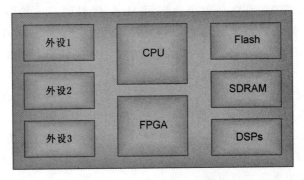

图 1.1　传统的复杂系统

基于 FPGA 的片上系统提出了这样一种解决方案:如图 1.2 所示,FPGA 内部集成了 CPU、DSPs 以及各种接口控制模块,对有些存储量要求不大的系统甚至集成了外部的 Flash 和 SDRAM。

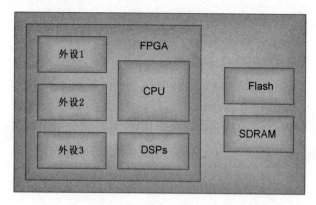

图 1.2　基于 FPGA 的片上系统

　　可以看出，SOPC 就是一颗比 MCU 更强大的 MCU。它的伟大之处在于系统的完全自主定制性，有了 SOPC，设计者就不需要再拿着选型手册海选既必须具有这个外设又必须满足那个条件的处理器了；甚至有时都不需要考虑处理器都能够挂上什么样的存储器来读写数据、运行程序。只要有 SOPC，一切就能轻松搞定，想加什么外设就加什么，一切由你做主。这就是 SOPC 相对于以往的嵌入式系统设计最大的特点和优势。

　　SOPC 需要一个强大的系统开发工具。Altera 的 FPGA 开发工具 Quartus Ⅱ 中集成的 Qsys 可以帮助用户定义并生成一个完整的片上可编程系统（System-on-Programmable-Chip），它比传统的手动集成方式要方便得多。Qsys 中可以添加各种 Altera FPGA 器件可以使用的硬核或软核处理器、常用外设以及用户自定义的定制外设，非常灵活方便。Qsys 使用起来就如同小朋友们的乐高积木一样简单，并没有传说中的那么"高深"，只要大家跟着教程一步一个脚印往下走，相信大家很快就可以玩转基于 Qsys 的 Nios Ⅱ 嵌入式处理器系统。

　　用户可以使用 Qsys 生成一个基于 Nios Ⅱ 处理器的嵌入式系统。然而，Qsys 远不止一个 Nios Ⅱ 处理器而已，它还可以生成一个不包含处理器或者包含 Nios Ⅱ 以外的软核处理器的系统。

　　使用传统的设计方法，用户必须手动编写 HDL 代码用于连接各个子系统。而使用 Qsys，用户只要通过傻瓜的图形界面接口（GUI）就可以自动生成各个组件的互连逻辑。Qsys 生成了系统所有组件的 HDL 文件，顶层的 HDL 文件则例化好系统的所有组件。Qsys 既能够生成 Verilog 代码也能够生成 VHDL 代码。

　　再看一个更接近实际应用的嵌入式系统板卡，如图 1.3 所示。在这块 PCB（Printed Circuit Board）上，单论芯片可能只有一片 FPGA、一片作为协处理器（Co-Processor）的 CPU、两片 DDR2 SDRAM 存储器分别挂在 FPGA 和协处理器上，还有一个叫作总线桥（Bus Bridge）的接口（也许只是简单的连线，也许是一块协议芯片）。这个系统中，看似简单，其实不然，FPGA 里大有文章可做。

　　从总线桥开始说，通俗地理解，桥就是用来连接河两岸的，比如主板上的南桥和北桥（CPU 和内存居然还隔着条河？）。CPU 很好很强大，可以处理海量数据，但是再强大也没法发出声音、显示图像，术业有专攻，CPU 就是负责数据运算和控制，别的基本不管。因此，CPU 需要通过桥和外围设备进行信息交互，把需要进行处理的数据接收进来，把处理完的

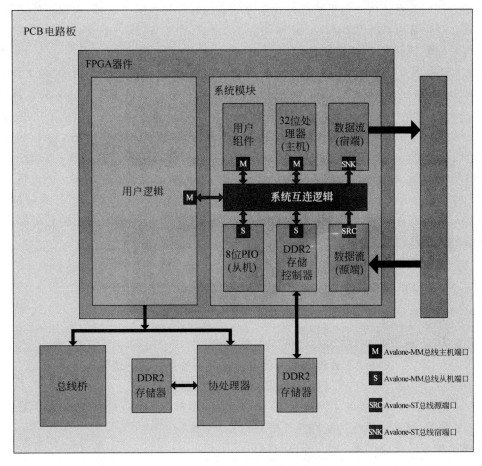

图 1.3　FPGA 上的 SOPC 系统实例

数据发送出去,可能说得不是很专业,但是基本就是这样。那么总线又是什么?CPU 的引脚终归是有限的,如果一个 CPU 要和所有外设都搭个"独木桥",恐怕 CPU 要像巴掌那么大才够在肚子底下容下那么多"脚"了。这么看,这个桥真不能是独木桥,至少该是一座纵横南北的"立交桥",再形象一点说,这座立交桥的交错中心点是贯通的,处于这个中心点的车可以通过处于任何高度的道路驶向四面八方。那么,CPU 就处于这样的核心位置。这里不再深入,总线其实就是 CPU 的一组满足一定协议的引脚的集合,这组引脚可以和多个同样满足这个特定协议的不同外设进行连接。当 CPU 要用这个总线和某个外设交互信息时,就会在它们之间搭起一座独木桥,其他外设就只能望桥兴叹。总线从某种意义上看就是为了节约引脚而出现的,当然从另一种意义上看,也是为了统一信息交互方式。这里 FPGA 外面挂了个"总线桥",用于这个系统和外部设备交互,其实 FPGA 内部的 SOPC 也有个总线桥,它的名字叫作 Avalon,Avalon 总线,以后大家越使用它越会发现它的强大。上面提到 Nios Ⅱ 只是一个处理器,而 Avalon 总线就是要把 Nios Ⅱ 和所有其他在 FPGA 内(如图 1.3 中的 PIO)甚至 FPGA 外定制的外设(如图 1.3 中的 DDR2 存储器)连接起来。当然也可以理解那个系统互连逻辑(System Interconnect Fabric)就是 Avalon,但是 Avalon 只是系统互连逻辑的一种形式而已,想了解其他的形式就得读者自己参考数据手册。

其实 FPGA 系统内和常见的嵌入式系统的架构有着异曲同工之妙,比如协处理器(Co-Proccessor)外面和系统模块(System Module)内的 32 位处理器(Proccessor,可认为它就是 Nios Ⅱ)一样,要挂接 DDR2 存储器(Memory)。

图 1.3 中的系统里最核心的东西就是 FPGA。用 FPGA 搭一个 SOPC 的最大优势,就是灵活性。传统的 51 单片机系统常常是一个 MCU 旁边挂很多诸如 74xxx 的芯片,而当 16 位、32 位 CPU 在嵌入式系统中大行其道的时候,用户依然常常困扰于系统扩展的各种接口之间无法有效的得到控制和管理,甚至会感觉引脚数量受限,大大影响了系统的性能和扩展升级。因此,基于 FPGA 的 SOPC 被推上前台。因为它有足够的引脚,支持各式各样不同的电压标准,可以并行处理各类复杂任务,可以像一张白纸任大家涂画……这就是大家学习它的理由。其实图 1.1 和图 1.2 已经完全阐释了 FPGA 上 SOPC 与以往系统的不同,基本上一片 FPGA 就可以集成大多数常用的外设,无论从 BOM 成本上还是电路板面积上都有很大的优势。

1.2　Nios Ⅱ 的优势在哪里

先看看 Altera 为自己的 Nios Ⅱ 产品打的广告:

Nios Ⅱ 处理器——世界上最通用的嵌入式处理器

迅速构建最合适的处理器系统

嵌入式开发人员面临的主要挑战,是如何选择一款最合适的处理器,既不会为了提高性能而超过预算,又不会牺牲功能特性。理想的嵌入式解决方案:

- 选择最适合应用的 CPU、外设和接口;
- 现场远程更新,保持竞争,满足需求的变化;
- 不必改动电路板设计,提升性能——针对需要的功能进行加速;
- 避免处理器和 ASSP 过时的风险;
- 将多种功能在一个芯片中实现,降低了总成本、复杂度和功耗。

通过最合适的 CPU、外设和存储器接口,以及定制硬件加速器,达到每一新设计周期的独特目标,Nios Ⅱ 处理器以极大的灵活性满足了设计者的需求。

坦白地说,作者也不知道世界上用得最多的嵌入式处理器到底是哪款,但是却赞同"Nios Ⅱ 是世界上最通用的嵌入式处理器"这句话。所谓通用,就是有很强的兼容性,在不同的项目、不同的应用中都具有一定的适用性。SOPC 本来就是为"通用"而生的,Nios Ⅱ 更是加快了它的通用性步伐。

前面也提到了,在面对一个新项目时,设计者在评估处理器、选型时往往需要考虑很多问题,例如处理器的速度、性能是否满足运算需求? 支持的存储器是否满足代码量、数据量的存储需求? 是否满足对各种不同外设的需求? 是否有足够的可扩展接口? 支持何种电平标准……实际情况往往不是这款处理器速度太慢,就是那款处理器外设太少,最终的解决办法通常就是使用多个内核进行互补式的级联。要知道,在电路板上多一块芯片,就多一点面积、多一点成本、多一个不稳定因素。百万门甚至千万门 FPGA 的出现,足够让用户架构一个很强大的 CPU 系统,因此,这个系统的灵活性、通用性也会异乎寻常地让人为之振奋。

在 Altera 的这个系统中，Nios Ⅱ 是当之无愧的主角。不可否认，Nios Ⅱ 的优势在于它所依托的 FPGA 上架构起来的 SOPC 系统。

1.3　基于 Nios Ⅱ 处理器的 FPGA 开发流程

基于 Nios Ⅱ 处理器的开发流程如图 1.4 所示。Qsys 是 Quartus Ⅱ 中集成的一个工具，在 Qsys 中搭建 Nios Ⅱ 处理器系统，并添加和配置各种外设。随后在 Quartus Ⅱ 和 EDS 开发工具中分别进行 FPGA 和嵌入式软件设计。FPGA 设计包括设计输入（Verilog/VHDL 代码编写等）、设计约束（引脚约束、时序约束等）、编译（综合、布局布线）和生成配置文件。嵌入式软件开发则包括 C 源码创建、编写、编译和最终的调试运行（前提是 FPGA 生成的配置文件已经预先烧录到目标器件中）。

Qsys 生成系统后，会自动产生所有外设相关的驱动，包括在 system.h 中定义系统各个外设的基址，自动编译各种可供调用的函数。衔接软硬件的这部分就是 HAL，中文名叫硬件抽象层。在软件应用开发人员看来，他们只要弄明白 HAL 提供的所有可用函数的用法就可以玩转整个系统了。

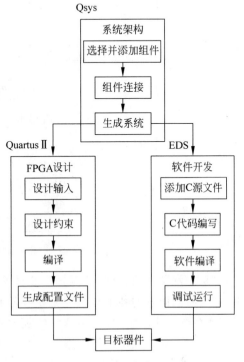

图 1.4　SOPC 系统开发流程

按照笔者的理解，其实完全可以抛开图 1.4。对于通常相对简单的 Nios Ⅱ 处理器开发项目而言，如图 1.5 所示，用脑图总结出来的一些基本步骤就足以代表在整个项目中所涉及的主要方面。

关于图 1.5 本身就不过多进行分析了，这里只是罗列一些步骤供读者参考。当然了，它要和前面的图 1.4 相比就显得有些"不规范"和"不官方"了，姑且可以称之为"草根流程"。在很多场合下，其实也是没有条件和办法去完完全全"规范化"开发流程的，但这并不妨碍对流程的正确理解和有条件地执行。总之，设计者要记住一件事：所有规范和流程的制定，都是为了更好的服务于产品开发。

另外，FPGA 开发设计的迭代性特点决定了基于 Nios Ⅱ 处理器的软硬件开发同样存在着这个特点，也许这一点在图 1.4 和图 1.5 中都没法很好地表现出来。所谓迭代性，就是重复性，当开发到某一个环节时如果出现问题了，很多时候问题不会仅仅停留在当前环节，设计者会考虑往流程的上游找问题，大多数时候问题是在前面的某一个环节中解决了，然后从那里重新开始继续往下走。

迭代性如图 1.6 所示，假设一个流程中有 4 个主要的步骤，正常情况下从步骤 1 执行到步骤 4，如果不出问题就结束了。但这么顺利的过程在电子产品（特别是 FPGA 的开发流

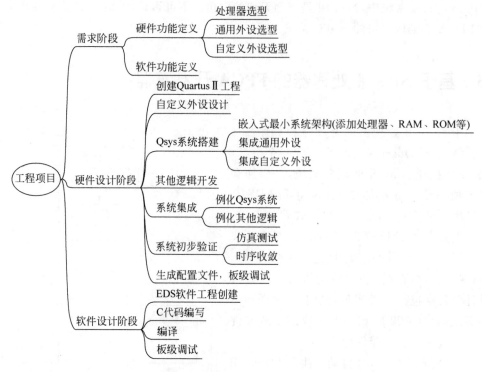

图 1.5　基于 Nios Ⅱ 处理器的 FPGA 项目开发步骤

程)中是非常罕见的,有时甚至每个步骤都有出问题的可能。在日常生活中,人们做事的各个环节经常是互不相干的,哪个步骤要是出现问题就在哪个步骤解决,不会牵涉到别的步骤中,而 FPGA 的开发则大不相同,例如步骤 1 执行完进入步骤 2,如果在步骤 2 出了问题,也许在步骤 2 本身解决不了,那么就得回到步骤 1 找问题,如果步骤 1 解决了问题,那么此时整个流程就从步骤 1 开始重新执行。同样的,如图 1.6 所示,当进入步骤 4 的时候,如果有了问题,解决问题可能需要回到前面 3 个步骤的任意一个步骤重新开始执行。试想想,一个开发过程通常不会只有 4 个步骤,有时要经历几十个甚至上百个大大小小的步骤,那么出了问题就麻烦了。这是 FPGA 设计独有的特点,也是难点和重点。希望读者能够在实践中好好感受这个折磨人的特点,也多总结出一些经验和办法来应对。当然,笔者所能够想到和做到的就是在设计中认真认真再认真;然后多分模块,分解这些大迭代为小迭代,尽可能地降低设计之间的相互依赖性,降低问题定位难度,从而减少工作量。

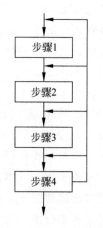

图 1.6　设计迭代性
示意图

第2章

实验平台"勇敢的芯"板级电路详解

2.1　板级电路整体架构

如图 2.1 所示，"勇敢的芯"FPGA 实验平台是笔者与国内知名 FPGA 培训机构至芯科技携手打造的一款基于 Altera Cyclone Ⅳ FPGA 器件的入门级 FPGA 学习平台。

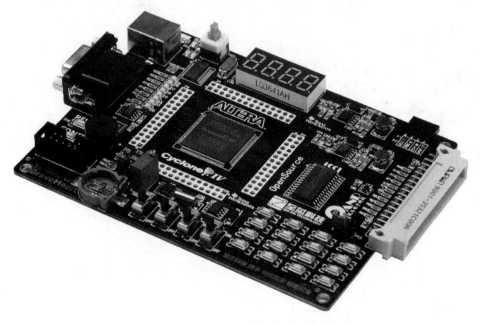

图 2.1　FPGA 实验板实物图

该实验平台板载丰富的常用外设，提供丰富的 FPGA 例程，包括逻辑例程和 Nios Ⅱ 例程。如图 2.2 所示，这是整板外设器件的示意图。

如图 2.3 所示，围绕着 FPGA 器件，各个外设的连接一览无遗。

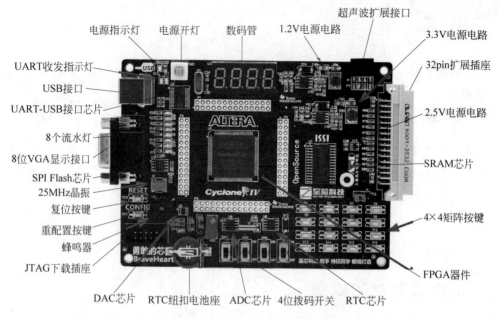

图 2.2　FPGA 实验板外设器件示意图

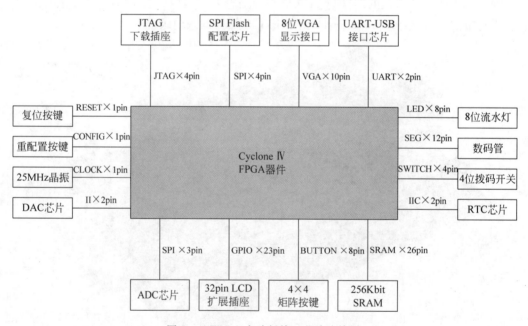

图 2.3　FPGA 实验板接口芯片连接图

2.2　电源电路

与任何电子元器件一样,FPGA 器件需要有电源电压的供应才能工作。尤其对于规模较大的器件,其功耗也相对较高,其供电系统的好坏将直接影响到整个开发系统的稳定性。

所以,设计出高效率、高性能的 FPGA 供电系统具有极其重要的意义。

不同的 FPGA 器件、不同的应用方式会有不同的电压、电流的需求。如图 2.4 所示,简单地归纳,可以将 FPGA 器件的电压需求分为三类:核心电压、I/O 电压和辅助电压。

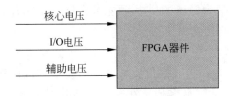

核心电压

I/O电压

辅助电压

FPGA器件

图 2.4　FPGA 器件的供电电压

核心电压是 FPGA 内部各种逻辑电路正常工作运行所需要的基本电压,该电压用于保证 FPGA 器件本身的工作。通常选定某一款 FPGA 器件,其核心电压一般也都是一个固定值,不会因为电路的不同应用而改变。核心电压值可以从官方提供的器件手册中找到。

I/O 电压,顾名思义便是 FPGA 的 I/O 引脚工作所需的参考电压。在引脚排布上,FPGA 与 ASIC 最大的不同,便是 FPGA 所有的可用信号引脚基本都可以作为普通 I/O 使用,其电平值的高低完全由器件内部的逻辑决定。当然了,它的高低电平标准也受限于所供给的 I/O 电压。任何一片 FPGA 器件,它的 I/O 引脚通常会根据排布位置分为多个 bank。同一个 bank 内的所有 I/O 引脚所供给的 I/O 电压都是共用的,可以给不同的 bank 提供不同的 I/O 电压,它们彼此是不连通的。因此,不同 bank 的 I/O 电压为 FPGA 器件的不同接口应用提供了灵活性。这里举一个例子,Cyclone Ⅳ 系列器件的某些 bank 支持 LVDS 差分电平标准,此时器件手册会要求设计者给用于 LVDS 差分应用的 I/O bank 提供 1.5V 电压,这就不同于一般的 LVTTL 或 LVCOMS 的 3.3V 供电需求。而一旦这些用于 LVDS 传输的 I/O bank 电压供给为 1.5V,那么它们就不能作为 3.3V 或其他电平值标准传输使用了。

除了前面提到的核心电压和 I/O 电压,FPGA 器件工作所需的其他电压通常都称为辅助电压。例如 FPGA 器件下载配置所需的电压,当然了,这里的辅助电压值可能与核心电压值或 I/O 电压值是一致的。很多 FPGA 的 PLL 功能块的供电会有特殊要求,也可以认为是辅助电压。由于 PLL 本身是模拟电路,而 FPGA 其他部分的电路基本是数字电路,因此 PLL 的输入电源电压也很有讲究,需要专门的电容电路做滤波处理,而它的电压值一般和 I/O 电压值不同。此外,例如 Cyclone Ⅴ GX 系列 FPGA 器件带高速 Gbit 串行收发器,通常有额外的参考电压;MAX10 系列器件的 ADC 功能引脚电路也需要额外的参考电压;一些带 DDR3 控制器功能的 FPGA 引脚上通常也有专门的参考电压……诸如此类的参考电压都可以归类为 FPGA 的辅助供电电压,在实际电源电路连接和设计过程中,都必须予以考虑。

目前比较常见的供电解决方案主要是使用 LDO 稳压器、DC/DC 芯片或电源模块。LDO 稳压器具有电路设计简单、输出电源电压纹波低的特点,但是它的一个明显劣势是效率也很低;基于 DC/DC 芯片的解决方案能够保证较高的电源转换效率,散热容易一些,输出电流也更大,是大规模 FPGA 器件的最佳选择;而电源模块简单实用,并且有更稳定的性能,只不过价格通常比较昂贵,在成本要求不敏感的情况下,是 FPGA 电源设计最为简单快捷的解决方案。以笔者多年的经验来看,在 LDO 稳压器、DC/DC 芯片或电源模块的选择上，一般遵循以下原则：

- 电流低于 100mA 的电压，可以考虑使用 LDO 稳压器产生，因为电路简单，使用元器件少，PCB 面积占用小，且成本也相对低廉。
- 对电源电压的纹波极为敏感的供电系统考虑使用 LDO，如 CMOS 传感器的模拟供电电压、ADC 芯片的参考电压等。
- 除了上述情况，一般在电流较大、对电源电压纹波要求不高的情况下，都尽量考虑使用 DC/DC 电路，因为它能够提供大电流供电及最佳的电源转换效率。
- 对于电源模块，笔者见到最多的是在军工产品等对成本不敏感、板级 PCB 空间较大的应用中使用，它其实是 LDO 稳压器和 DC/DC 电路优势的整合。

通常而言，对于 FPGA 器件电源方案的选择以及电源电路的设计，一定要事先做好前期的准备工作，如以下几点是必须考虑的：

- 器件需要供给几挡电压，压值分别是多少？
- 不同电压挡的最大电流要求是多少？
- 不同电压挡是否有上电顺序要求？（大部分的 FPGA 器件是没有此项要求的。）
- 电源去耦电容该如何分配和排布？
- 电源电压是否需要设计特殊的去耦电路？

关于设计者需要确定的各种电气参数以及电源设计的各种注意事项，其实在器件厂商提供的器件手册（handbook）、应用笔记（application notes）或是白皮书（white paper）中一般都会给出参考设计。所以，设计者若希望能够较好地完成 FPGA 器件的电源电路设计，事先阅读大量的官方文档是必须的。

说到电源，也不能不提一下地端（GND）电路的设计，FPGA 器件的地信号通常是和电压配对的。一般应用中，统一共地连接是没有问题的，但也需要注意特殊应用中是否有隔离要求。FPGA 器件的引脚引出的地信号之间通常是导通的，当然，也不能排除例外的情况。如果漏接个别地信号，器件通常也能正常工作，但是笔者也遇到过一些特殊的状况，如 Altera 的 Cyclone Ⅲ 器件底部的中央有个接地焊盘，如果设计中忽略了这个接地信号，那么 FPGA 很可能就不干活了，因为这个地信号是连接 FPGA 内部很多中间信号的地端，它并不和 FPGA 的其他地信号直接导通。因此，在设计中也一定要留意地信号的连接，电源电路的任何细小疏忽都有可能导致器件的罢工。

在这里所设计的这个实验平台上，如图 2.5 所示，由 PC 的 USB 端口进行供电，通常可以提供 5V/0.5A 的电压/电流。5V 电压输入到两个 DC/DC 电路分别产生 3.3V 和 1.2V 的电压，DC/DC 芯片支持的最大电流可以达到 3A，当然 FPGA 器件实际上根本不需要这么大的电流。之所以采用 DC/DC 电路产生 3.3V 和 1.2V 电压，是考虑到 3.3V 是 FPGA 的 I/O 电压，也是板上大多数外设的供电电压，它的电流相对较大，而 1.2V 是 FPGA 器件的核电压，电流也较大；因此，它们使用 DC/DC 电路更合适，既可以保证较大电流需求，又能够实现更好的电源转换效率。而 2.5V 电压使用 3.3V 转 2.5V 的 LDO 电路，是由于 2.5V 仅仅只是在 FPGA 的下载配置电路使用，电流相对较小，对转换效率要求也不高，使用简单的 LDO 电路更"经济实惠"一些。

如图 2.6 所示，这是电源电路的电路板设计示意图，为了获得更强的电流供给能力、更高的电源转换效率，只能通过使用更多的分离元器件和更大的布板空间来"妥协"。

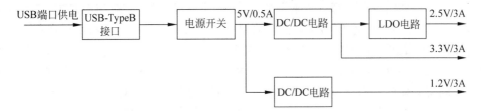

图 2.5　电源电路示意图

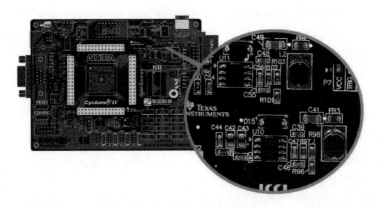

图 2.6　电源电路的电路板设计图

2.3　复位与时钟电路

2.3.1　关于 FPGA 器件的时钟

如图 2.7 所示,理想的时钟模型是一个占空比为 50％且周期固定的方波。T_{clk} 为一个时钟周期,T_1 为高脉冲宽度,T_2 为低脉冲宽度,$T_{clk}=T_1+T_2$。一般情况下,FPGA 器件内部的逻辑会在每个时钟周期的上升沿执行一次数据的输入和输出处理,在两个时钟上升沿的空闲时间里,则可以用于执行各种各样复杂的处理。而一个比较耗时的复杂运算过程,往往无法在一个时钟周期内完成,可以切割成几个耗时较少的运算,然后在数个时钟上升沿后输出最终的运算结果。时钟信号的引入,不仅让所有的数字运算过程变成"可量化"的,而且也能够将各种不相关的操作过程同步到一个节拍上协同工作。

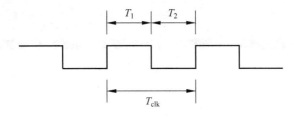

图 2.7　理想时钟波形

FPGA 器件的时钟信号源一般来自外部,通常使用晶体振荡器(简称晶振)产生时钟信号。当然,一些规模较大的 FPGA 器件内部都会有可以对时钟信号进行倍频或分频的专用时钟管理模块,如 PLL 或 DLL。由于 FPGA 器件内部使用的时钟信号往往不只供给单个寄存器使用,在实际应用中,成百上千甚至更多的寄存器很可能共用一个时钟源,那么从时钟源到不同寄存器间的延时也可能存在较大偏差(通常称为时钟网络延时),大家知道,这个时间差过大是很严重的问题。因此,FPGA 器件内部设计了一些称之为“全局时钟网络”的走线池。通过这种专用时钟网络走线,同一时钟到达不同寄存器的时间差可以被控制在很小的范围内。那么又如何能保证输入的时钟信号能够走“全局时钟网络”呢?有多种方式:对于外部输入的时钟信号,只要将晶振产生的时钟信号连接到“全局时钟专用引脚”上;而对于 FPGA 内部的高扇出控制信号,通常工具软件会自动识别此类信号,将其默认连接到“全局时钟网络”上,设计者若是不放心,还可通过编译报告进行查看,甚至可以手动添加这类信号。关于时钟电路的设计和选型,有如下基本事项需要考虑:

- 系统运行的时钟频率是多少?(可能有多个时钟)
- 是否有内部的时钟管理单元可用?(通常是有)它的输入频率范围为多少?(需要查看器件手册进行确认)
- 尽可能选择专用的时钟输入引脚。

关于 FPGA 时钟电路的 PCB Layout 设计,通常需要遵循以下的原则:

- 时钟晶振源应该尽可能放在与其连接的 FPGA 时钟专用引脚的临近位置。
- 时钟线尽可能走直线。如果无法避免转弯走线,则使用 45°线,尽量避免 T 型走线和直角走线。
- 不要同时在多个信号层走时钟线。
- 时钟走线不要使用过孔,因为过孔会导致阻抗变化及反射。
- 靠近外层的地层能够最小化噪声。如果使用内层走时钟线,则要有良好的参考平面,且走带状线。
- 时钟信号应该有终端匹配电路,以最小化反射。
- 尽可能使用点到点的时钟走线。
- 如图 2.8 所示,对于时钟差分对的走线,必须严格按照 $D > 2S$ 的规则,以最小化相邻差分对间的串扰。

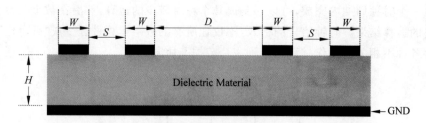

图 2.8　时钟差分对的间隔

- 确保整个差分对在整个走线过程中的线间距恒定。
- 确保差分对的走线等长,以最小化偏斜和相移。
- 同一网络走线过程中避免使用多个过孔,以确保阻抗匹配和更低的感抗。

- 高频的时钟和 USB 差分信号对走线尽可能短。
- 高频时钟或周期性信号尽可能远离高速差分对以及任何引出的连接器(例如 I/O 连接器、控制和数据连接器或电源连接器)。
- 应当保证所有走线有持续的地和电源参考平面。
- 为了最小化串扰,尽量缩短高频时钟或周期性信号与高速信号并行走线的长度。推荐的最小间距是 3 倍的时钟信号与最近参考面间距。
- 当一个时钟驱动多个负载时,使用低阻抗传输线以确保信号通过传输线。
- 信号换层时使用回路过孔。
- 同步时钟的延时应该与数据相匹配。确保时钟与同步数据总线在同一层走线,以最小化不同层之间的传输速率差异。

2.3.2　关于 FPGA 器件的复位

FPGA 器件在上电后都需要有一个确定的初始状态,以保证器件内部逻辑快速进入正常的工作状态。因此,FPGA 器件外部通常会引入一个用于内部复位的输入信号,这个信号称之为复位信号。对于低电平有效的复位信号,当它的电平为低电平时,系统处于复位状态;当它从低电平变为高电平时,则系统撤销复位,进入正常工作状态。由于在复位状态期间,各个寄存器都赋予输出信号一个固定的电平状态,因此在随后进入正常工作状态后,系统便拥有了所期望的初始状态。

复位电路的设计也很有讲究,一般的设计是期望系统的复位状态能够在上电进入稳定工作状态后多保持一点时间。因此,阻容复位电路可以胜任一般的应用;如果需要得到更稳定可靠的复位信号,则可以选择一些专用的复位芯片。复位信号和 FPGA 器件的连接也有讲究,通常也会有专用的复位输入引脚。

至于上电复位延时的长短,也是很有讲究的。因为 FPGA 器件是基于 RAM 结构的,它通常需要一颗用于配置的外部 ROM 或 Flash 进行上电加载,在系统上电稳定后,FPGA 器件首先需要足够的时间用于配置加载操作,只有在这个过程结束之后,FPGA 器件才能够进入正常的用户运行模式。如果上电复位延时过短,等同于 FPGA 器件根本就没有复位过程;如果上电复位延时过长,那么对系统性能甚至用户体验都会有不同程度的影响,因此,设计者在实际电路中必须对此做好考量,保证复位延时时间的长短恰到好处。关于 FPGA 器件的复位电路,也需要注意以下几个要点:

- 尽可能使用 FPGA 的专用时钟或复位引脚。
- 对上电复位时间的长短需要做好考量。
- 确保系统正常运行过程中复位信号不会误动作。

2.3.3　实验平台电路解析

FPGA 的时钟输入都有专用引脚,通过这些专用引脚输入的时钟信号,在 FPGA 内部可以很容易地连接到全局时钟网络上。所谓全局时钟网络,是 FPGA 内部专门用于走一些有高扇出、低时延要求的信号的走线池,这样的资源相对有限,但是非常实用。FPGA 的时钟和复位通常是需要走全局时钟网络的。

如图 2.9 所示，25MHz 有源晶振和阻容复位电路产生的时钟信号和复位信号分别连接到 FPGA 的专用时钟输入引脚 CLK_0 和 CLK_1 上。

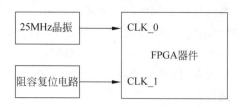

图 2.9　复位与时钟电路示意图

如图 2.10 所示，所使用的 FPGA 器件共有 8 个专用时钟输入引脚，在不作时钟输入引脚功能使用时，这些引脚也可以作为普通 I/O 引脚。如我们的电路中，只使用了 CLK_0 和 CLK_1 作为专用时钟引脚功能，其他 6 个引脚则作为普通的 I/O 引脚功能。

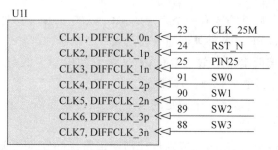

图 2.10　时钟专用输入引脚

FPGA 上电复位时间需要大于 FPGA 器件启动后的配置加载时间，这样才能够确保 FPGA 运行后的复位初始化过程有效。可以来看看这个电路的设计是否满足实际要求。

查询器件手册中关于上电配置时间的计算，有如下的公式：

配置数据量 * （最低的 DCLK 时钟周期/bit）＝最大的配置时间

其中，所使用 FPGA 器件 EP4CE6 的配置数据量为 2 944 088 位，最低的 SPI Flash 传输时钟 DCLK 通常为 20MHz（经实测，一般情况下，DCLK 时钟频率为 32MHz），那么由此便可计算出最大的配置时间为：2 944 088bit * （50ns/bit）＝148ms。

另外，从器件手册上，可以查询到复位输入引脚作为 3.3V LVTTL 标准电平的最低 VIH 电压值是 1.7V，由此便可计算阻容复位电路从 0V 上升到 1.7V 所需的时间。

设 V_0 为电容上的初始电压值，V_1 为电容最终可充到或放到的电压值，V_t 为 t 时刻电容上的电压值。则有公式 $t = RC * Ln[(V_1 - V_0)/(V_1 - V_t)]$。求充电到 1.7V 的时间。

将已知条件 $V_0 = 0V$，$V_1 = 3.3V$，$V_t = 1.7V$ 代入上式得 $1.7 = 0 + 3.3 * [1 - \exp(-t/RC)]$，算得 $t = 0.7239RC$。

代入 $R = 47k\Omega$，$C = 10\mu F$，得 $t = 0.34s$，即 340ms。

由此验证了阻容复位的时间远大于 FPGA 器件的上电复位时间。当然，这里没有考虑 FPGA 器件从上电到开始配置运行所需的电压上升时间，一般这个时间不会太长，所以阻容复位肯定是有效的。如果需要实际的确认,还是要通过示波器设备来观察实际信号的延时情况。

2.4　FPGA 下载配置电路

20 世纪 80 年代,联合测试行为组织(Joint Test ActI/On Group,JTAG)制定了主要用于 PCB 和 IC 的边界扫描测试标准。该标准于 1990 年被 IEEE 批准为 IEEE1149.1-1990 测试访问端口和边界扫描结构标准。随着芯片设计和制造技术的快速发展,JTAG 越来越多地被用于电路的边界扫描测试和可编程芯片的在线系统编程。

FPGA 器件都支持 JTAG 进行在线配置,JTAG 边界扫描的基本原理如图 2.11 所示。在 FPGA 器件内部,边界扫描寄存器由 TDI 信号作为数据输入,TDO 信号作为数据输出,形成一个很长的移位寄存器链。而 JTAG 通过整个寄存器链,可以配置或者访问 FPGA 器件的内部逻辑状态和各个 I/O 引脚的当前状态。

在这里不过多地研究 JTAG 的原理。对于电路设计来说,JTAG 的四个信号引脚:TCK/TMS/TDI/TDO(TRST 信号一般可以不用)以及电源、地连接到下载线即可。

说到 FPGA 的配置,这里不得不提一下它们和 CPLD 内部存储介质的不同。由于 CPLD 大都是基于 PROM 或 Flash 来实现可编程特性,因此对其进行在线

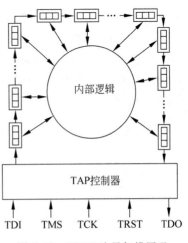

图 2.11　JTAG 边界扫描原理

编程时就已将配置数据流固化好了,重新上电后还能够运行固有的配置数据;FPGA 大都是基于 SRAM 来实现可编程特性,换句话说,通过 JTAG 实现在线编程时,在保持不断电的情况下,FPGA 能够正常运行,而一旦掉电,SRAM 数据将丢失,FPGA 会一片空白,无法继续运行任何既定功能。因此,FPGA 通常需要外挂一个用于保存当前配置数据流的 PROM 或 Flash 芯片,通常称之为"配置芯片",CPLD 则不需要。

因此,对于 FPGA 器件,若希望它产品化,可以脱机(PC 机)运行,那么就必须在板级设计时考虑它的配置电路。也不用太担心,FPGA 厂商的器件手册里通常也会给出推荐的配置芯片和参考电路,大多数情况下依葫芦画瓢便可。当然了,板级设计还是马虎不得的,有几个方面是需要注意的:

- 配置芯片尽量靠近 FPGA。
- 考虑配置信号的完整性问题,必要时增加阻抗匹配电阻。
- 部分配置引脚可以被复用,但是要谨慎使用,以免影响器件的上电配置过程。

FPGA 配置电路的设计是非常重要的,相关信号引脚通常都是固定并且专用的,需要参考官方推荐电路进行连接。

如图 2.12 所示,这是 FPGA 下载和配置的示意图。在图 2.12 的左侧,DC10 插座将 FPGA 器件的 JTAG 专用引脚 TCK、TMS、TDI、TDO 引出,通过 USB-Blaster 下载器可以

连接这个 DC10 插座和 PC 机,实现从 PC 机的 Quartus Ⅱ软件到 FPGA 器件的在线烧录或配置芯片(SPI Flash)的固化。而在图 2.12 的右侧,一颗 SPI Flash 作为 FPGA 器件的配置芯片,FPGA 器件的固化代码可以存储在这颗 SPI Flash 中,当 FPGA 器件每次上电时,都会直接从 SPI Flash 中读取固化代码并运行。

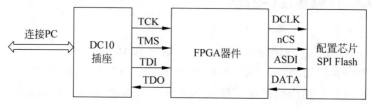

图 2.12　FPGA 下载和配置示意图

为了实现上述图 2.12 配置电路的正常工作,还需要如图 2.13 所示,将 MSEL0/MSEL1/MSEL2 引脚分别连接到 GND/2.5V/GND,这是设定 FPGA 器件在上电后直接进入 AS 配置模式,即从 SPI Flash 的固化代码启动运行。需要额外说明的是,无论 MSEL0/MSEL1/MSEL2 引脚如何设置,当 JTAG 在线配置 FPGA 时,FPGA 器件都会优先运行 JTAG 最新烧录的代码。CONF_DONE\nCONFIG\nSTATUS 三个信号则分别上拉到 3.3V,同时 nCONFIG 连接按键 S17,可以通过这个按键使 FPGA 器件重新加载配置代码。

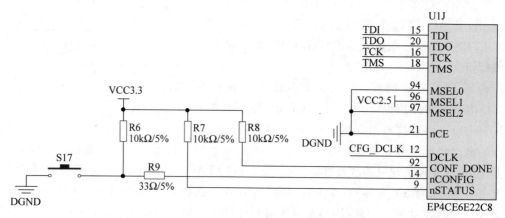

图 2.13　FPGA 配置引脚连接电路

2.5　SRAM 接口电路

如图 2.14 所示,FPGA 与 SRAM 芯片的连接主要是控制信号、地址总线和数据总线。

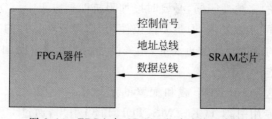

图 2.14　FPGA 与 SRAM 芯片连接示意图

如表 2.1 所示,这是 FPGA 与 SRAM 芯片的引脚信号定义。

表 2.1　FPGA 与 SRAM 芯片引脚信号定义

信 号 名 称	方向	功 能 描 述
SRAM_CS_N	Output	SRAM 片选信号,低电平有效
SRAM_OE_N	Output	SRAM 输出使能信号,低电平有效。该信号拉低,同时 SRAM_WE_N 为高电平时,可读取 SRAM 数据
SRAM_WE_N	Output	SRAM 写使能信号,低电平有效。该信号拉低,可写数据到 SRAM 中
SRAM_A0-14	Output	SRAM 地址总线
SRAM_D0-7	Input	SRAM 数据总线

注:方向是针对 FPGA 器件而言的。

2.6　ADC/DAC 芯片电路

如图 2.15 所示,FPGA 通过一组 IIC 总线连接到 DAC 芯片,使其输出一个特定的模拟电压,该模拟电压既可以通过跳线帽选择输出到 LED 上(可观察 LED 的亮暗,直观地感受到 ADC 芯片的输出),也可以通过跳线帽输出到 ADC 芯片的模拟输入端口。ADC 芯片模拟输入端口的跳线帽除了可以选择输入 DAC 芯片的模拟输出电压,也可以选择输入可调电阻的分压信号。FPGA 通过一组类似 SPI 总线的接口实现 ADC 芯片的数据读取操作。

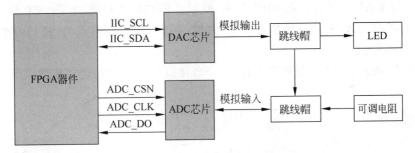

图 2.15　FPGA 与 ADC/DAC 芯片连接示意图

ADC/DAC 芯片的跳线帽和可调电阻器如图 2.16 所示。DAC 芯片的跳线帽若短路(即 P9 的 pin1 和 pin2 短路),则 DAC 芯片输出电压值将驱动 LED 指示灯状态。ADC 芯片

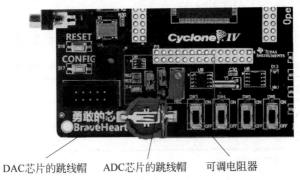

图 2.16　ADC/DAC 芯片的跳线帽和可调电阻器

的跳线帽若短路图示的下面两个引脚(P10 的 pin1 和 pin2),则滑动变阻器分压值将作为
ADC 芯片的输入;ADC 芯片的跳线帽若短路图示的上面两个引脚(P10 的 pin2 和 pin3),
则 DAC 芯片的输出电压值将作为 ADC 芯片的输入。滑动变阻器上金属小旋钮可以对
3.3V 的电压进行分压,产生的分压值可以输入到 ADC 芯片进行实验。

如表 2.2 所示为 FPGA 与 ADC/DAC 芯片的引脚信号定义。

表 2.2　FPGA 与 ADC/DAC 芯片的引脚信号定义

信 号 名 称	方　向	功 能 描 述
ADC_CLK	Output	ADC 芯片时钟信号,每个时钟上升沿锁存数据
ADC_DO	Input	ADC 芯片数据输出信号,对应 FPGA 的数据输入信号
ADC_CSN	Output	ADC 芯片片选信号,低电平有效
DAC_IIC_SCK	Output	DAC 芯片 IIC 接口时钟信号
DAC_IIC_SDA	Input	DAC 芯片 IIC 接口数据信号

注:方向是针对 FPGA 器件而言的。

2.7　UART 接口电路

FPGA 与 UART 外设连接如图 2.17 所示。FPGA 器件通过 UART 转 USB 芯片
PL2303 将标准的 UART 协议转换为 USB 协议,在 PC 端安装驱动后,便是一个虚拟串口
实现 UART 的传输。

如图 2.18 所示,UART 最终通过这个 USB 接口与 PC 连接,建立起虚拟串口通信。

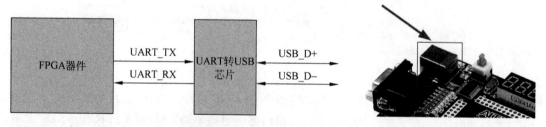

图 2.17　FPGA 与 UART 外设连接示意图　　　　图 2.18　USB 接口示意图

如表 2.3 所示为 FPGA 与 UART 转 USB 芯片的引脚信号定义。

表 2.3　FPGA 与 UART 转 USB 芯片的引脚信号定义

信 号 名 称	方　向	功 能 描 述
UART_TX	Output	UART 发送信号
UART_RX	Input	UART 接收信号

注:方向是针对 FPGA 器件而言的。

2.8　RTC 接口电路

FPGA 与 RTC 外设连接如图 2.19 所示。RTC 芯片 PCF8563T 外接纽扣电池,在板子本身不供电时提供电源,而 FPGA 与 RTC 芯片之间通过 IIC 总线进行数据交互。

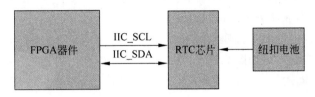

图 2.19　FPGA 与 RTC 外设连接示意图

RTC 芯片的电路如图 2.20 所示,重点关注 RTC 芯片的供电,即 U6-8 引脚的连接。VCC_RTC 为纽扣电池的供电,VCC3.3 为板子外部电源产生的 3.3V 电压。当板子不外接电源时,即 VCC3.3 不供电时,二极管 SS14 截止,这样 VCC_RTC 只给 RTC 芯片供电,但不会对板子的其他外设供电;板子供电时,二极管 SS14 导通,VCC3.3 和 VCC_RTC 电源之间有 200kΩ 的电阻 R36 隔离,一般纽扣电池电压不会高于 3V,因此 RTC 芯片主要由 VCC3.3 供电。这里的 200kΩ 电阻 R36 也对纽扣电池供电起到限流的作用,RTC 芯片不通信时的电流非常小。

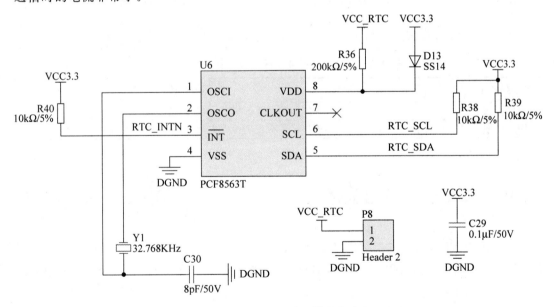

图 2.20　RTC 芯片的供电电路

如表 2.4 所示为 FPGA 与 RTC 芯片的引脚信号定义。

表 2.4　FPGA 与 RTC 芯片的引脚信号定义

信 号 名 称	方　　向	功 能 描 述
RTC_IIC_SCL	Output	RTC 芯片的 IIC 时钟信号
RTC_IIC_SDA	Input	RTC 芯片的 IIC 数据信号

2.9 4×4 矩阵按键电路

FPGA 与 4×4 矩阵按键的连接如图 2.21 所示。矩阵按键的横、纵方向各 4 个信号连接到 FPGA 引脚,FPGA 可以通过给横方向 4 个信号输出电平,采集纵方向 4 个信号的输入电平,从而得到具体触发按下的键位。

如图 2.22 所示,这个 P12 插座可以用于控制矩阵按键的 S1、S2、S3、S4 工作于矩阵按键模式或者独立按键模式。如图 2.22 所示,pin2～3 短接时,为矩阵按键模式;而 pin1～2 短接时,为独立按键模式。

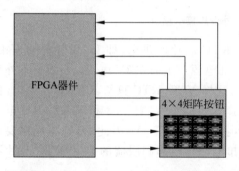

图 2.21　FPGA 与 4×4 矩阵按键连接示意图

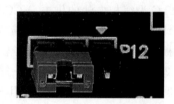

图 2.22　矩阵按键模式设置的跳线插座

如表 2.5 所示为 FPGA 与 4×4 矩阵按键的引脚信号定义。

表 2.5　FPGA 与 4×4 矩阵按键的引脚信号定义

信 号 名 称	方　　向	功 能 描 述
BUT[3:0]	Input	连接矩阵按键的纵方向信号,为 FPGA 的输入信号
BUT[7:4]	Output	连接矩阵按键的横方向信号,为 FPGA 的输出信号

2.10 VGA 显示接口电路

FPGA 与 VGA 外设连接如图 2.23 所示。这个 VGA 驱动显示色彩通过 3 个信号,即 R、G、B 信号进行设定,实现 8 色的显示效果。场同步 VSY 信号和行同步 HSY 信号也都由 FPGA 引脚输出产生。

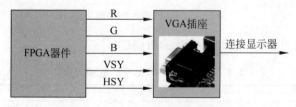

图 2.23　FPGA 与 VGA 外设连接示意图

如表 2.6 所示为 FPGA 与 VGA 插座的引脚信号定义。

表 2.6 FPGA 与 VGA 插座的引脚信号定义

信 号 名 称	方 向	功 能 描 述
VGA_R	Output	VGA 驱动色彩 R 信号
VGA_G	Output	VGA 驱动色彩 G 信号
VGA_B	Output	VGA 驱动色彩 B 信号
VSY	Output	VGA 驱动场同步信号
HSY	Output	VGA 驱动行同步信号

2.11 蜂鸣器、数码管、流水灯、拨码开关电路

FPGA 与蜂鸣器、流水灯、数码管、拨码开关连接如图 2.24 所示。蜂鸣器单个引脚控制高电平驱动即可;8 个 FPGA 引脚分别连接 8 个 LED 指示灯,用于流水灯实验;数码管由 4 个位选信号和 8 个段选信号驱动;4 个拨码开关则连接到 FPGA 引脚作为输入信号。

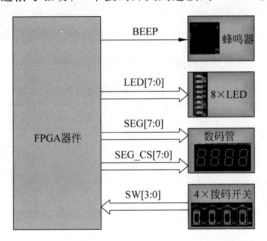

图 2.24 FPGA 与蜂鸣器、流水灯、数码管、拨码开关连接示意图

如表 2.7 所示为 FPGA 与蜂鸣器、流水灯、数码管、拨码开关的引脚信号定义。

表 2.7 FPGA 与蜂鸣器、流水灯、数码管、拨码开关的引脚信号定义

信 号 名 称	方 向	功 能 描 述
BEEP	Output	蜂鸣器驱动信号,高电平发声,低电平不发声
LED[7:0]	Output	LED 指示灯驱动信号,高电平灭,低电平亮
SEG_CS[7:0]	Output	数码管位选信号
SEG[7:0]	Output	数码管段选信号
SW[3:0]	Input	拨码开关输入信号,ON 为低电平,OFF 为高电平

2.12　超声波接口、外扩 LCD 接口电路

FPGA 与 LCD、超声波模块连接扩展如图 2.25 所示。超声波模块只有 2 个信号,即驱动脉冲信号 TRIG 和回响脉冲信号 ECHO。LCD 接口则由数据信号 LCD_RGB[15:0]、场同步信号 LCD_VSY、行同步信号 LCD_HSY、时钟同步信号 LCD_CLK 组成。

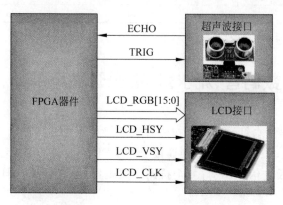

图 2.25　FPGA 与 LCD、超声波模块连接扩展示意图

如表 2.8 所示为 FPGA 与 LCD、超声波模块的引脚信号定义。

表 2.8　FPGA 与 LCD、超声波模块的引脚信号定义

信 号 名 称	方　向	功 能 描 述
LCD_R[4:0]	Output	LCD 驱动数据信号 R
LCD_R[5:0]	Output	LCD 驱动数据信号 G
LCD_R[4:0]	Output	LCD 驱动数据信号 B
LCD_VSY	Output	LCD 驱动场同步信号
LCD_HSY	Output	LCD 驱动行同步信号
LCD_CLK	Output	LCD 驱动时钟信号
TRIG	Output	超声波测距模块驱动脉冲信号
ECHO	Input	超声波测距模块回响信号

第**3**章

Qsys 系统创建

3.1 Qsys 系统概述

在正式开始本章之前,建议大家使用"勇敢的芯"FPGA 开发板完成逻辑设计部分的学习,并且初步掌握了 FPGA 逻辑设计。在这个学习过程中,假定大家已经掌握了逻辑设计的一些基本技能,尤其是 Quartus Ⅱ 工具的基本使用。

如图 3.1 所示,在这个 Qsys 嵌入式系统平台上,除了"万众瞩目"的 32 位处理器 Nios Ⅱ外,还有一些常用的标准外设(已经出现在 Qsys 的组件库中,供直接加载使用),如 Clock 组件、片上 RAM、UART 外设、JTAG UART 外设、Timer 外设、System ID 外设、PIO 外设(作为输出的蜂鸣器 PIO 和作为输入的拨码开关 PIO);当然了,还有一些自定义的非标准外设(Qsys 的自带组件库中没有的,自己动手创建的组件),如 ADC 控制器、DAC 控制器、RTC 控制器(实时时钟)、超声波测距控制器、数码管控制器和 4×4 矩阵按键控制器。

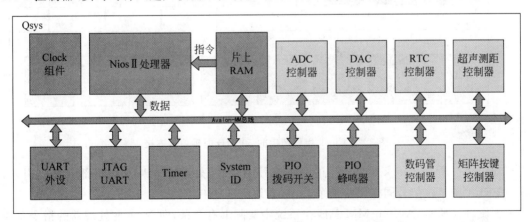

图 3.1 Qsys 系统框图

有了包含"勇敢的芯"FPGA 开发板上各种外设控制的组件,接下来的事情就可以统统交给 Nios Ⅱ 处理器,控制这些外设组合便可玩转自己的应用。

3.2 Qsys 总线互连

和大多数的嵌入式系统一样,Nios Ⅱ处理器系统也需要有一条和各个外设模块进行数据传输的总线。这个总线叫做 Avalon 总线,Avalon 总线主要有 6 类接口。

- Avalon 存储映射接口(Avalon-MM)——基于地址读写的主机和从机接口。
- Avalon 流接口(Avalon-ST)——支持双向数据流的接口,包括多路复合的流传输、包传输或 DSP 数据流。
- Avalon 存储映射三态接口——同样是基于地址读写的接口,主要用于 FPGA 片外的外设接口连接。和片内的 Avalon-MM 总线一样,该总线接口也可以同时连接多个片外外设。
- Avalon 时钟——该接口可驱动或接收时钟和复位信号,用于系统同步和复位连接。
- Avalon 中断——用于一个组件向另一个组件发起事件请求。
- Avalon 管道(Avalon Conduit)——用于将 Qsys 系统内部的信号引出到 Qsys 系统外,与 FPGA 其他的逻辑模块甚至 FPGA 器件外部的引脚进行连接。

上述这 6 类接口,除了基于数据流传输的 Avalon-ST 总线和 Avalon 存储映射三态接口是本书用不上的,其他接口都需要涉及。具体如何连接,下面逐一来看看。

Avalon 时钟产生两个主要的系统信号,即 50MHz 的时钟信号和复位信号。如图 3.2 所示,Clock 组件(Avalon 时钟)的时钟由 Qsys 外部的 FPGA 逻辑部分接口引入,通过它产生的 50MHz 的时钟信号供给整个 Qsys 系统上的所有组件。

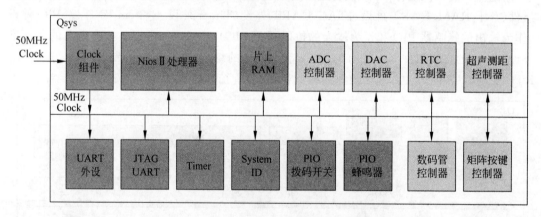

图 3.2 Clock 组件产生的 50MHz 时钟信号连接

如图 3.3 所示,Clock 组件产生的复位信号由 Qsys 外部的 FPGA 逻辑部分接口引入,通过它产生的复位信号同样供给整个 Qsys 系统上的所有组件。

如图 3.4 所示,Avalon-MM 总线在系统中实际上有 2 条,即 Nios Ⅱ处理器的指令总线和数据总线。从图中不难看出,这两条总线实际上是分开的,即通常所说的哈佛结构。指令总线连接着 Nios Ⅱ处理器、JTAG UART 和片上 RAM。指令存储在片上 RAM 中,通过 Avalon-MM 总线读取,而 JTAG UART 组件集成在 Nios Ⅱ处理器中,可以确保在线调试

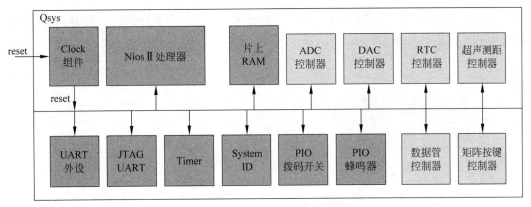

图 3.3　Clock 组件产生的复位信号连接

仿真时,控制片上 RAM 的指令运行。数据总线将 Nios Ⅱ 处理器连接到所有的可用外设上,Nios Ⅱ 处理器可实现对各个外设寄存器的读写访问。

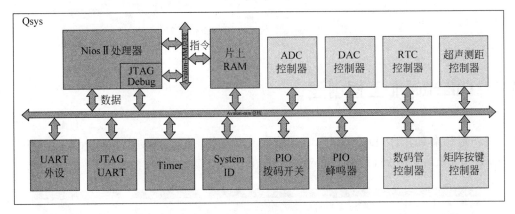

图 3.4　Avalon-MM 总线连接

对于一个处理器系统,中断信号必不可少,因此如图 3.5 所示,UART 外设组件、JTAG UART 组件、Timer 组件、PIO 拨码开关组件和矩阵按键控制器组件都有中断信号需要连接到 Nios Ⅱ 处理器上,它们可以分配到不同的中断优先级,在发出中断请求后得到 Nios Ⅱ 处理器的处理响应。

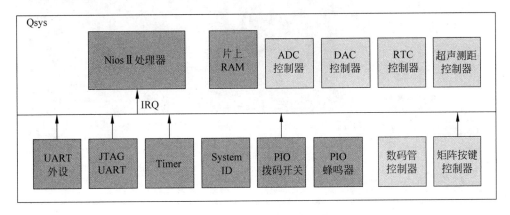

图 3.5　Avalon 中断信号连接

如图 3.6 所示，Avalon 管道接口实际上就是 Qsys 上各个外设组件需要连接到 FPGA 逻辑或 FPGA 器件外部的引脚。

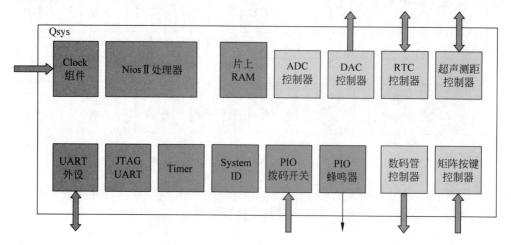

图 3.6　Qsys 系统各个组件引出接口

3.3　Quartus Ⅱ 工程创建

双击电脑桌面上的 Quartus Ⅱ 13.1 图标，或者选择"开始→程序→Altera 13.1.0.162→Quartus Ⅱ 13.1.0.162"，打开 Quartus Ⅱ 软件。Quartus Ⅱ 软件主界面如图 3.7 所示。

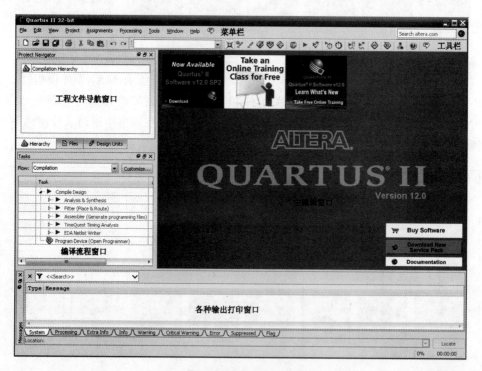

图 3.7　Quartus Ⅱ 软件主界面

　　下面要新建一个工程,在这之前建议大家在硬盘中专门建立一个文件夹用于存储 Quartus Ⅱ 工程,这个工程目录的路径名应该只有字母、数字和下划线,以字母为首字符,且不要包含中文和其他符号。在菜单栏上选择 File→ New Project Wizard,首先弹出了 Introduction 页面,单击 Next 进入“Directory,Name,Top-Level Entity”页面,如图 3.8 所示。

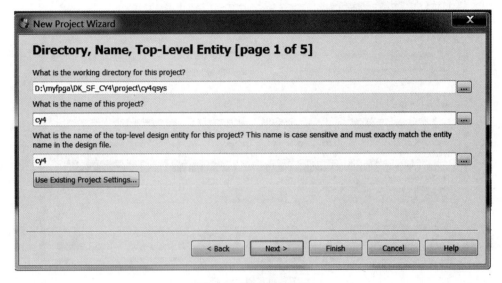

图 3.8　新建工程向导

- 在“What is the working directory for this project?”下输入新建工程所在的路径。如本实例工程的存放路径为 D:/myfpga/DK_SF_CY4/project/cy4qsys。
- 在“What is the name of this project?”下输入工程名,如本实例的工程名为 cy4。
- “What is the name of the top-level design entity for this project? ……”下输入工程顶层设计文件的名字。通常建议工程名和工程顶层文件保持一致,如这里统一命名 cy4。

　　设置完毕,单击 Next 按钮。新出现的页面中可以点击 Add Files 添加已有的工程设计文件(Verilog 或 VHDL 文件),因为是完全新建的工程,没有任何预先可用的设计文件,所以不用选择。接着单击 Next 按钮,进入 Family & Device Setting 页面,如图 3.9 所示。该页面主要是选择元器件,在 Family 中选择 Cyclone IV E 系列,Available devices 中选择具体型号 EP4CE6E22C8。接着再单击 Next 进入下一个页面。

　　如图 3.10 所示,在 EDA Tool Settings 页面中,可以设置工程各个开发环节中需要用到的第三方(Altera 公司以外)EDA 工具,只需要设置 Simulation 工具为 ModelSim-Altera,Format 为 Verilog HDL 即可,其他工具不涉及,因此都默认为＜None＞。

　　完成这个页面的配置后,可以单击 Next 按钮继续进入下一页面查看并核对前面设置的结果,也可以直接单击 Finish 按钮完成工程创建。

　　工程创建完成后,如图 3.11 所示,在 Project Navigator 窗口中出现了所选择的器件以及顶层文件名,但是实际上此时并未创建工程的顶层设计文件,只不过给其命名为了 cy4。若双击试图打开 cy4 文件,系统马上会弹出 Can't find design entity “cy4”的错误提示。

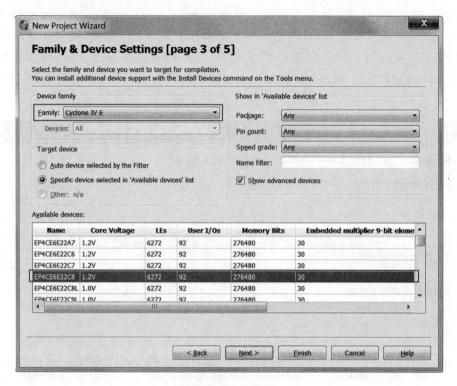

图 3.9   器件选择

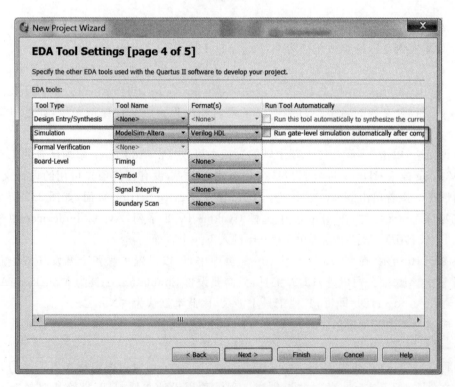

图 3.10   EDA 工具设置

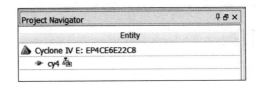

图 3.11　工程导航窗口

3.4　进入 Qsys 系统

如图 3.12 所示,选择 Quartus Ⅱ 工程的 Tools→Qsys,可以打开进入 Qsys 编辑界面。

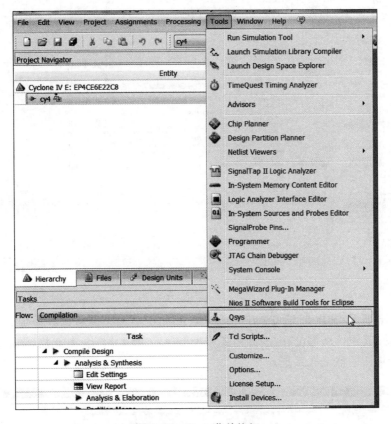

图 3.12　Qsys 菜单按钮

如图 3.13 所示,也可以直接找到 Quartus Ⅱ 的快捷按钮 Qsys,单击它进入 Qsys 编辑界面。

图 3.13　Qsys 快捷按钮

3.5　Qsys 界面简介

进入 Qsys 主界面，如图 3.14 所示，界面窗口的布局还是很清爽的，左侧的组件库中列出了所有可供使用的 IP 核；右侧的工作栏中有很多的选项，界面右侧主要的区域是工作区，Qsys 系统的编辑和设置都在此进行；最下面的信息栏实时显示当前系统编辑状态和一些错误或警告信息。

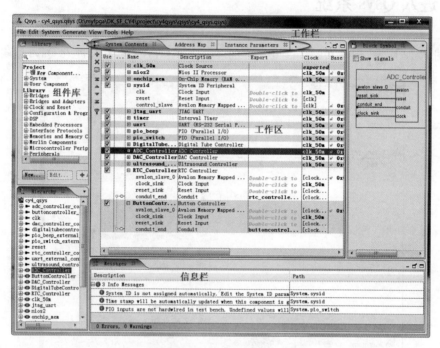

图 3.14　Qsys 主界面

如图 3.15 所示，初次打开 Qsys，System Contents 页面中默认已经添加了一个孤零零的 Clock 组件，其他什么也没有，因此需要在 Component Library 中查找，添加各种组件外设，搭建出所期望的嵌入式系统。

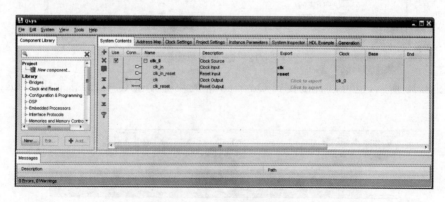

图 3.15　Qsys 初次打开页面

3.6   新建 Qsys 系统

第一次进入 Qsys 界面，所看到只有 Clock 单个组件的系统其实就是一个新建系统。如
图 3.16 所示，也可以在菜单栏选择 File→New System 来新建一个系统。

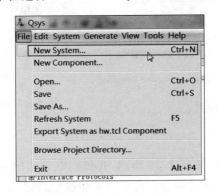

图 3.16   新建 Qsys 系统

3.7   保存 Qsys 系统

为了使工程文件夹的管理更有层次感，便于将来查找和维护，极力建议大家在工程文件
夹下创建一个名为 qsys 的文件夹，用于保存当前 Qsys 系统生成的所有文件，如图 3.17
所示。

名称	修改日期	类型	大小
.qsys_edit	2015/10/31 9:35	文件夹	
db	2015/11/7 10:09	文件夹	
greybox_tmp	2015/10/31 9:35	文件夹	
incremental_db	2015/11/1 17:26	文件夹	
ip_core	2015/10/31 9:35	文件夹	
output_files	2015/11/1 17:56	文件夹	
qsys	2015/11/1 17:53	文件夹	
software	2015/11/1 20:49	文件夹	
source_code	2015/10/31 9:35	文件夹	
cy4.out.sdc	2015/8/21 10:16	SDC 文件	4 KB
cy4.qpf	2015/8/12 10:14	QPF 文件	2 KB
cy4.qsf	2015/11/1 17:54	QSF 文件	7 KB
cy4_qsys.sopcinfo	2015/11/1 17:54	SOPCINFO 文件	387 KB
mul.qip	2015/10/28 14:12	QIP 文件	0 KB
pll_controller.qip	2015/10/28 14:18	QIP 文件	0 KB

本地磁盘 (D:) ▸ myfpga ▸ DK_SF_CY4 ▸ project ▸ cy4qsys ▸

工具(T) 帮助(H)

含到库中▼   共享▼   刻录   新建文件夹

图 3.17   专用于存储 Qsys 系统文件的 qsys 文件夹

如图 3.18 所示，在 Qsys 界面中选择 File→Save，保存新创建或编辑过的 Qsys 系统。

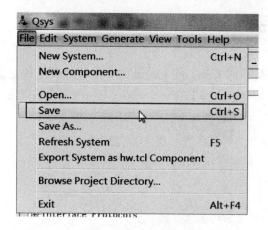

图 3.18　Qsys 保存菜单

随后弹出保存路径窗口，如图 3.19 所示，找到刚刚创建的 qsys 文件夹，将当前新建的 Qsys 系统命名为 cy4_qsys，然后保存。将来所有和这个新建 Qsys 系统有关的文件都会生成到该文件夹下。

图 3.19　Qsys 系统保持路径设置

3.8　加载 Qsys 系统

完成当前系统的保存后，就可以关闭当前的 Qsys 界面，回到 Quartus Ⅱ 中重新进入 Qsys。每次重新进入 Qsys 后，一般不会自动加载最后一次编辑时的 Qsys 系统，而是和第一次进入 Qsys 界面时一样的一个新建系统状态。如图 3.20 所示，必须选择菜单 Files→Open 来加载当前可用的 Qsys 系统。

如图 3.21 所示，在弹出的"打开"窗口中，找到存放 cy4_qsys.qsys 的 qsys 文件夹，加载这个 Qsys 系统。

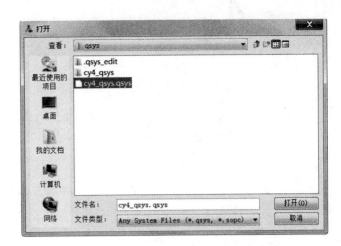

图 3.20　加载已有 Qsys 系统菜单　　　　　　　图 3.21　选择当前 Qsys 系统

第 4 章

Qsys 通用组件添加与互连

4.1 时钟组件添加与设置

如图 4.1 所示，当前系统中已经有了 Clock 组件（在 System Contents 选项卡中），双击它进入设置页面。

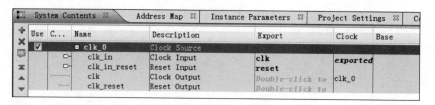

图 4.1　Clock 组件

如图 4.2 所示，设置时钟频率（Clock frequency）为 50 000 000Hz，即 50MHz，这个时钟频率的设置不是随意，这里设定好 50MHz，那么它在 Qsys 系统的顶层会引出一个 clock 输

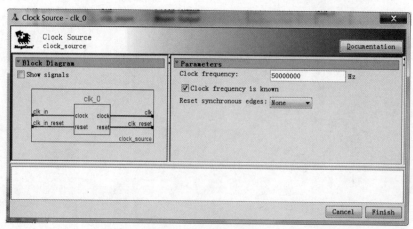

图 4.2　Clock 组件参数配置

入信号,在 FPGA 中就必须输入一个 50MHz 的时钟信号与之相连接。随后勾选 Clock frequency is known,可以设置 Reset synchronous edges,有 None、Both 和 Deassert 三个选项,这些设置主要与复位和时钟的同步或异步控制机制有关。若没有特殊要求,可以不用设置。完成设置后,单击 Finish 按钮退出。

如图 4.3 所示,在 clk_0 的位置右击,选择 Rename,然后 Name 一列 clk_0 的名称将处于可编辑状态。

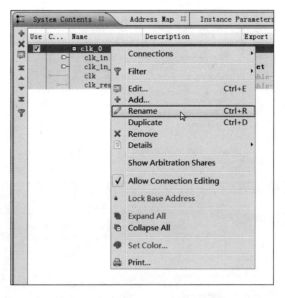

图 4.3　重命名 Clock 组件菜单

如图 4.4 所示,将 Clock 组件重命名为 clk_50m。

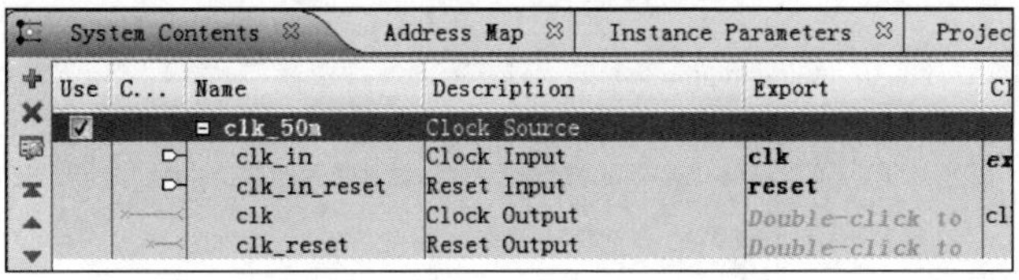

图 4.4　Clock 组件重命名

4.2　Nios Ⅱ处理器添加与设置

如图 4.5 所示,在 Library 面板中,选择 Library→Embedded Processors→Nios Ⅱ Processor,双击即可添加该组件。

弹出 Nios Ⅱ组件的设置页面,如图 4.6 所示,这里有 3 个可选的 Nios Ⅱ类型,即 Nios Ⅱ/e(经济型,消耗资源最少,性能也最低)、Nios Ⅱ/s(标准型,性价比最好)和 Nios Ⅱ/f(快速型,性能最强,消耗资源也最多)。这里选择 Nios Ⅱ/s,其他选项都使用默认状态,暂时不做任何设置,单击 Finish 按钮完成配置。

图 4.5　添加组件库中的 Nios Ⅱ处理器

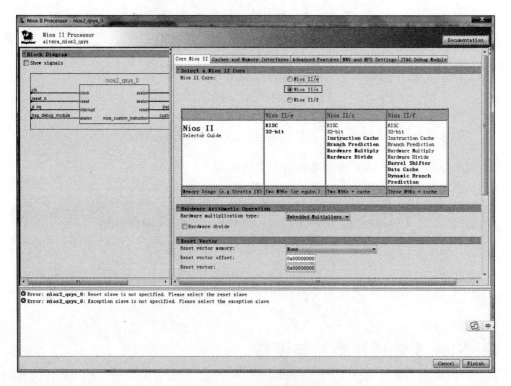

图 4.6　Nios Ⅱ处理器参数配置

如图 4.7 所示,修改刚刚添加的 Nios Ⅱ组件的名称为 nios2。

如图 4.8 所示,在 Connections 一列中,需要将 nios2 组件的时钟、复位信号分别连接到 Clock 组件的相应信号上。这意味着 Nios Ⅱ处理器工作的时钟和复位源来自 Clock 组件。后面会看到,整个 Qsys 系统的时钟和复位信号都会连接到 Clock 组件输出的 clk 和 clk_reset 信号上,Clock 组件可谓是 Qsys 系统的"大心脏"。

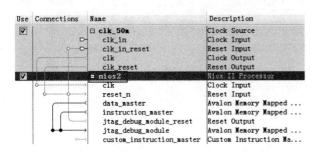

图 4.7　Nios Ⅱ 处理器重命名

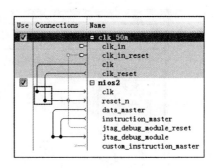

图 4.8　Nios Ⅱ 处理器与 Clock 组件互连

4.3　RAM 组件添加与配置

如图 4.9 所示，在 Library 面板中，选择 Library→Memories and Memory Controllers→On-Chip→On-Chip Memory（RAM or ROM），双击即可添加该组件。

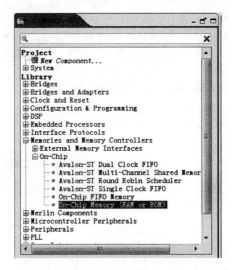

图 4.9　添加组件库中的片内 RAM 组件

弹出 On-Chip Memory 组件的设置页面，如图 4.10 所示。选择存储器类型（Memory type）为 RAM（Writable），这个 RAM 要扮演 Nios Ⅱ 处理器程序存储器和数据存储器的重要角色。接着在 Size 中设定存储器数据位宽（Data width）为 32 位，存储量大小（Total memory size）为 22 528B（即 22KB）。其他设置使用系统默认设置，单击 Finish 按钮完成设置。

如图 4.11 所示，修改刚刚添加的 On-Chip memory 组件的名称为 onchip_mem。

如图 4.12 所示，在 Connections 一列中，需要将 onchip_mem 组件的时钟、复位信号分别连接到 Clock 组件的相应信号上（图 4.12 所示方框内的左边两个实心点）。此外，因为要用这个 Onchip_mem 作为 Nios Ⅱ 处理器的程序存储和程序运行的存储器，所以必须把 Nios Ⅱ 的指令总线（instruction_master）和数据总线（data_master）连接到 Onchip_mem（即 s1）上，即图 4.12 所示方框内的右边两个实心点。

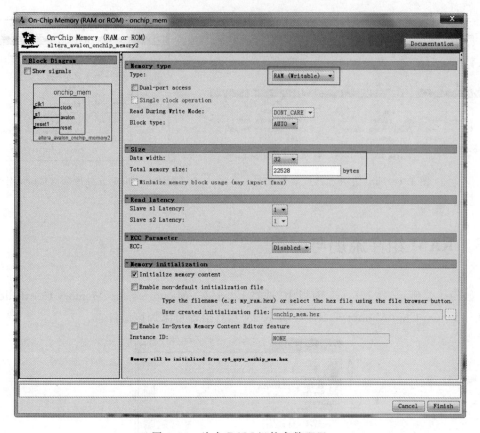

图 4.10   片内 RAM 组件参数配置

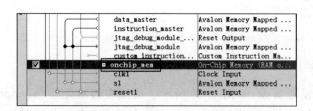

图 4.11   片内 RAM 组件重命名

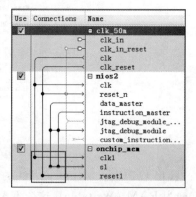

图 4.12   片内 RAM 组件与 Clock 组件、
Nios Ⅱ 处理器互连

4.4   Nios Ⅱ 处理器复位向量与异常向量地址设置

接着双击 nios2 组件进行设置，如图 4.13 所示，将其 Reset vector memory 和 Exception vector memory 均设为 onchip_mem.s1。

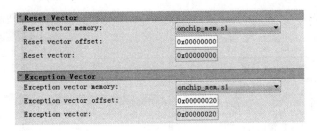

图 4.13　设置 Nios Ⅱ 处理器的复位向量和异常向量地址

如此设置后，当系统上电后，Nios Ⅱ 就从 Onchip_mem 存储器开始运行程序，并且数据读写也是在 Onchip_mem 存储器中进行。

4.5　System ID 组件添加与配置

如图 4.14 所示，在 Library 面板中，选择 Library→Peripherals→Debug and Performance→System ID Peripheral，双击即可添加该组件。

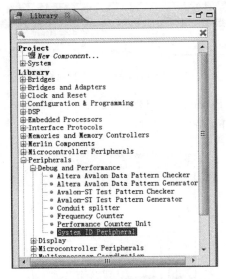

图 4.14　添加组件库中的 System ID 外设

System ID 是 Nios Ⅱ 处理器的唯一识别号，用于确认当前运行的程序和 FPGA 中内嵌的 Nios Ⅱ 处理器是否相匹配。System ID 的值为 32 位，在 Qsys 中添加该组件时设置。

在弹出的 System ID 组件设置页面中，可以设置这个 32 位 ID 值为 0x11223344，如图 4.15 所示。

如图 4.16 所示，修改刚刚添加的 System ID 组件的名称为 sysid。

如图 4.17 所示，在 Connections 一列中，需要将 System ID 组件的时钟、复位信号分别连接到 Clock 组件的相应信号上（图示方框内的左边两个实心点）。此外，因为 Nios Ⅱ 处理器要能够访问到这个 System ID 组件，读取这个外设的 ID 数据，所以必须把 Nios Ⅱ 的数据

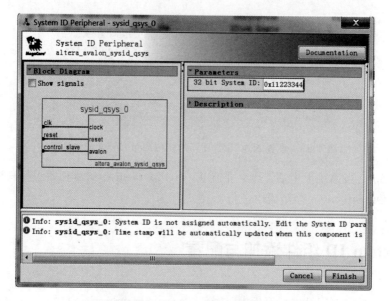

图 4.15　System ID 组件参数配置

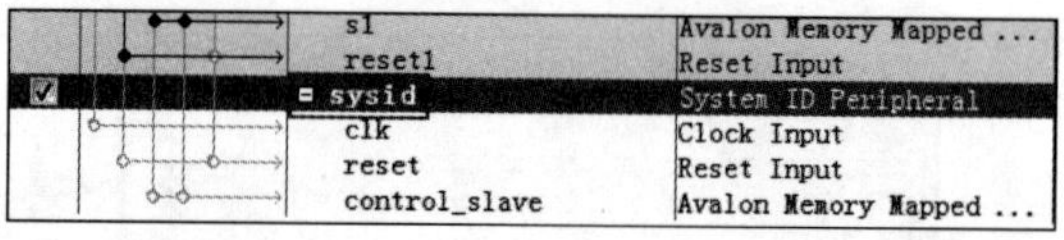

图 4.16　System ID 组件重命名

总线(data_master)连接到 System ID 组件(即 control_slave)上,即图 4.17 所示 sysid 组件所在行,Connections 列最下面的一个实心点。

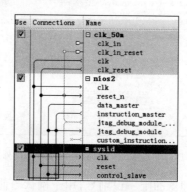

图 4.17　System ID 组件与 Clock 组件、Nios Ⅱ 处理器互连

4.6　JTAG UART 组件添加与配置

如图 4.18 所示,在 Library 面板中,选择 Library→Interface Protocols→Serial→JTAG UART,双击即可添加该组件。

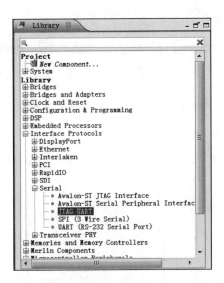

图 4.18 添加组件库中的 JTAG UART 组件

JTAG UART 使用 FPGA 既有的 JTAG 接口协议实现 PC 和 FPGA 内部 Nios II 处理器之间串行字符串的传输,这同很多嵌入式处理器调试中需要用到的 RS232 UART 类似。

如图 4.19 所示,在弹出的 JTAG UART 组件设置页面中,为了降低这个外设所要用到的缓存 FIFO 对存储器的需求,设置 Write 和 Read FIFO 的存储量为 16B,并且勾选上 Construct using registers instead of memory blocks,表示不使用 FPGA 片内存储器,而是使用 FPGA 的逻辑来实现 FIFO。

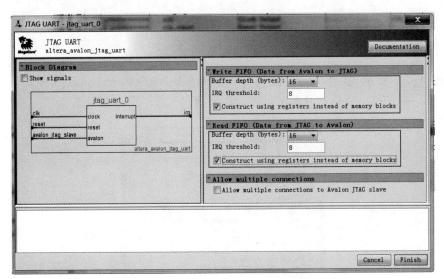

图 4.19 JTAG UART 组件参数配置

如图 4.20 所示,修改刚刚添加的 JTAG UART 组件的名称为 jtag_uart。

如图 4.21 所示,在 Connections 一列中,需要将 JTAG UART 组件的时钟、复位信号分别连接到 Clock 组件的相应信号上(图 4.21 所示方框内的左边两个实心点)。此外,因为 Nios II 处理器要能够访问到这个 JTAG UART 组件,实现 PC 和 Nios II 处理器之间的数

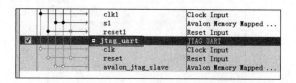

图 4.20　JTAG UART 组件重命名

据传输,必须把 Nios Ⅱ 的数据总线(data_master)连接到 JTAG UART 组件(即 avalon_jtag_slave)上,即图 4.21 所示左下角方框内的最右边一个实心点。

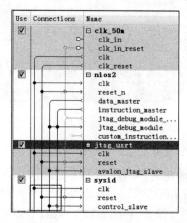

图 4.21　JTAG UART 组件与 Clock 组件、Nios Ⅱ处理器互连

4.7　Timer 组件添加与配置

如图 4.22 所示,在 Library 面板中,选择 Library → Peripherals → Microcontroller Peripherals→Interval Timer,双击即可添加该组件。

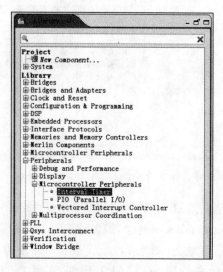

图 4.22　添加组件库中的 Timer 组件

如图 4.23 所示,在弹出的 Timer 组件设置页面中,单击加载右侧 Presets 面板的 Full-featured 选项,接着设定定时器的默认时间为 1s(Period 值为 1,Units 为 s),其他设置默认即可。

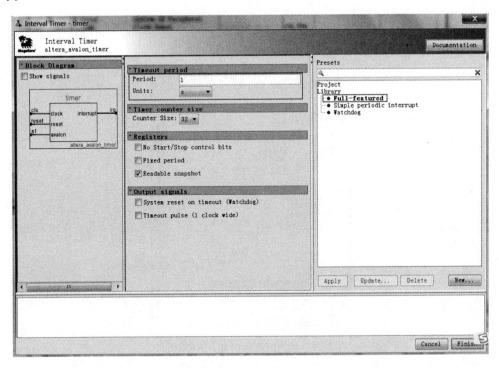

图 4.23　Timer 组件参数配置

如图 4.24 所示,修改刚刚添加的 Timer 组件名称为 timer。

如图 4.25 所示,在 Connections 一列中,需要将 Timer 组件的时钟、复位信号分别连接到 Clock 组件的相应信号上(图 4.25 所示方框内的左边两个实心点)。此外,因为 Nios Ⅱ 处理器要能够访问到这个 Timer 组件,实现定时器中断功能,因此必须把 Nios Ⅱ 的数据总线(data_master)连接到 Timer 组件(即 s1)上,即图 4.25 所示的方框内的最右边一个实心点。

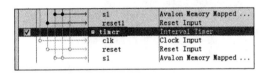

图 4.24　Timer 组件重命名

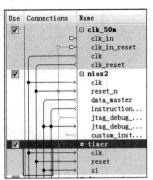

图 4.25　Timer 组件与 Clock 组件、
Nios Ⅱ 处理器互连

4.8　UART 组件添加与配置

如图 4.26 所示，在 Library 面板中，选择 Library→Interface Protocols→Serial→UART，双击即可添加该组件。

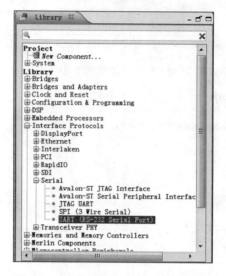

图 4.26　添加组件库中的 UART 组件

如图 4.27 所示，在弹出的 UART 组件设置页面中，设定该组件无需校验位（Parity）、8 个数据位（Data bits）、1 个停止位（Stop bits）、同步周期（Synchronizer stages）为 2；此外，波特率（Baud rate）为 9600，不要勾选 Fixed baud rate（即波特率为 Nios Ⅱ处理器软件可更改）。

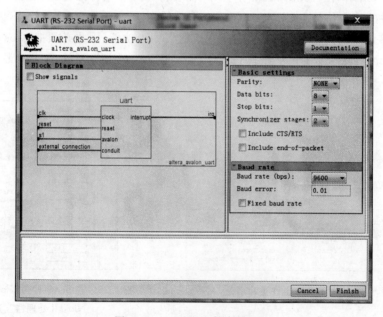

图 4.27　UART 组件参数配置

如图 4.28 所示,修改刚刚添加的 UART 组件的名称为 uart。

如图 4.29 所示,在 Connections 一列中,需要将 UART 组件的时钟、复位信号分别连接到 Clock 组件的相应信号上(图 4.29 所示方框内的左边两个实心点)。此外,因为 Nios Ⅱ处理器要能够访问到这个 UART 组件,实现外部 UART 设备与 Nios Ⅱ处理器之间的数据传输,必须把 Nios Ⅱ的数据总线(data_master)连接到 UART 组件(即 s1)上,即图 4.29 所示左下角方框内的最右边一个实心点。

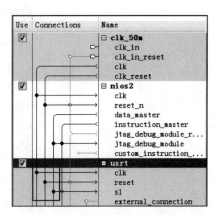

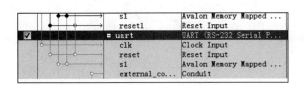

图 4.28　UART 组件重命名　　　　　图 4.29　UART 组件与 Clock 组件、
　　　　　　　　　　　　　　　　　　　　　　　　Nios Ⅱ处理器互连

相比之前的外设,UART 外设的接口(主要是 RX 和 TX 信号)需要引出到 Qsys 系统的外部,最终要连接到 FPGA 的引脚上,如图 4.30 所示,双击 UART 外设 external_connection 一行的 Double-click to 处。

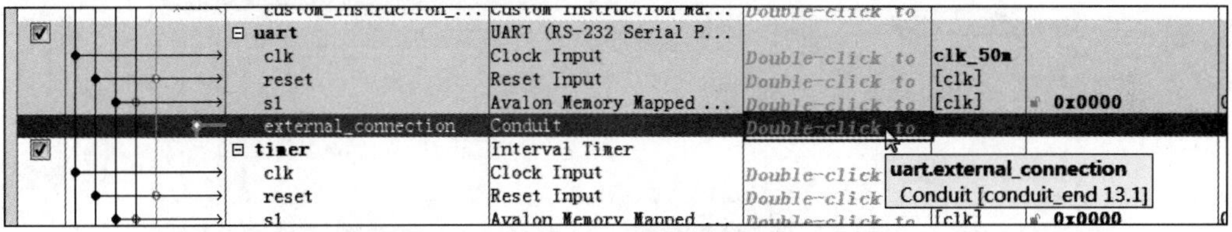

图 4.30　UART 外设接口引出按钮

随后,如图 4.31 所示,在 UART 外设 external_connection 一行出现了接口符号,说明该外设的接口已经引出。

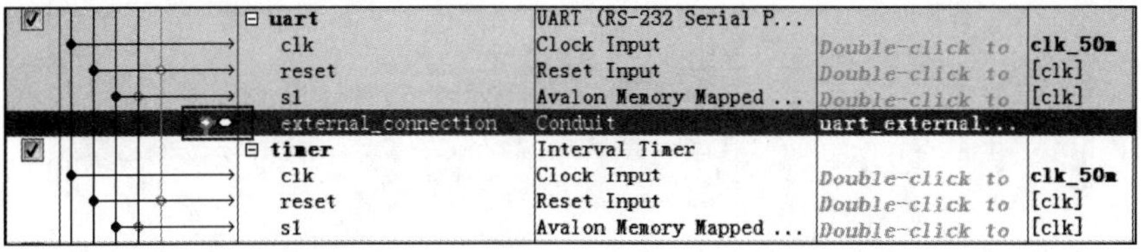

图 4.31　UART 外设接口引出符号

4.9　蜂鸣器 PIO 组件添加与配置

如图 4.32 所示,在 Library 面板中,选择 Library→Peripherals→Microcontroller Peripherals→PIO (Parallel I/O),双击即可添加该组件。

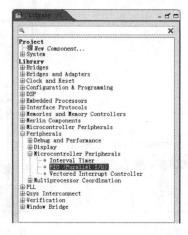

图 4.32　添加组件库中的 PIO 组件

如图 4.33 所示,在弹出的 PIO 组件设置页面中,设置位宽(Width)为 1,方向(Direction)为 Output,默认值(Output Port Reset Value)为 0x0。完成设置后单击 Finish 按钮。

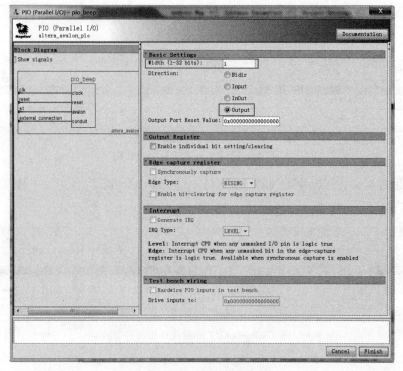

图 4.33　PIO 组件参数配置

如图 4.34 所示,修改刚刚添加的 PIO 组件的名称为 pio_beep。

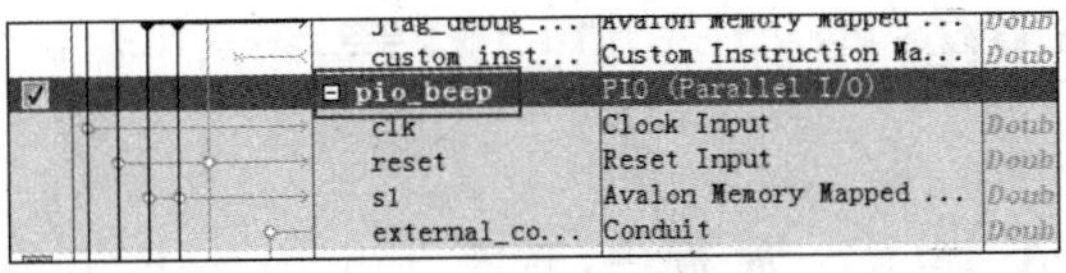

图 4.34　PIO 组件重命名

如图 4.35 所示,在 Connections 一列中,需要将 PIO 组件的时钟、复位信号分别连接到 Clock 组件的相应信号上(图 4.35 所示方框内的左边两个实心点)。此外,因为 Nios Ⅱ 处理器需要能够访问到这个 PIO 组件,实现对 PIO 接口的输出状态控制,必须把 Nios Ⅱ 的数据总线(data_master)连接到 PIO 组件(即 s1)上,即图 4.35 所示方框内的最右边一个实心点。

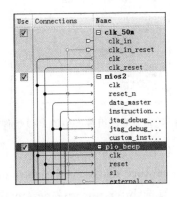

图 4.35　PIO 组件与 Clock 组件、Nios Ⅱ 处理器互连

相比之前的外设,PIO 外设的接口(用于控制蜂鸣器的引脚)需要引出到 Qsys 系统的外部,最终要连接到 FPGA 的引脚上,如图 4.36 所示,双击 PIO 外设 external_connection 一行的 Double-click to 处。

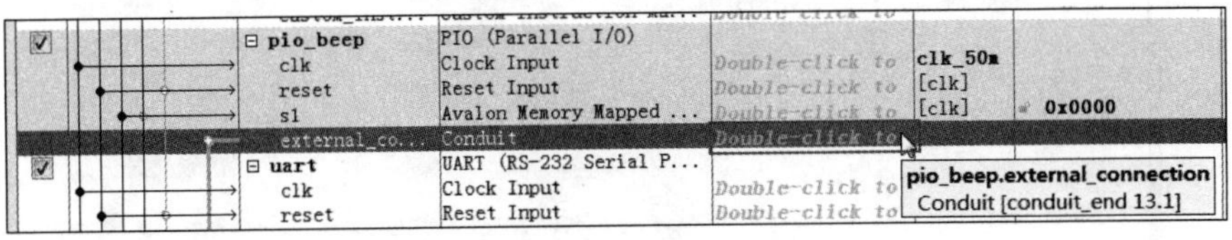

图 4.36　PIO 外设接口引出按钮

随后,如图 4.37 所示,在 PIO 外设 external_connection 一行出现了接口符号,说明该外设的接口已经引出。

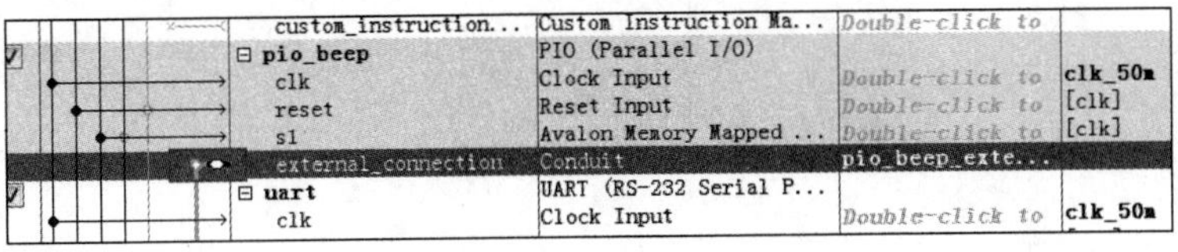

图 4.37　PIO 外设接口引出符号

4.10　拨码开关 PIO 组件添加与配置

如图 4.38 所示，在 Library 面板中，选择 Library→Peripherals→Microcontroller Peripherals→PIO（Parallel I/O），双击即可添加该组件。

图 4.38　添加组件库中的 PIO 组件

如图 4.39 所示，在弹出的 PIO 组件设置页面中，设置位宽（Width）为 4，方向（Direction）为 Input；勾选 Edge capture register→Synchronously capture 选项，同时选中边沿类型（Edge Type）为 ANY；勾选 Interrupt→Generate IRQ 选项，同时选中中断类型（IRQ Type）为 EDGE。完成设置后单击 Finish 按钮。

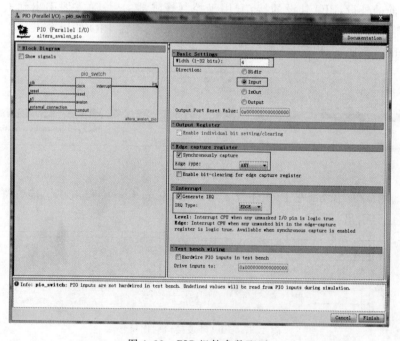

图 4.39　PIO 组件参数配置

如图 4.40 所示,修改刚刚添加的 PIO 组件的名称为 pio_switch。

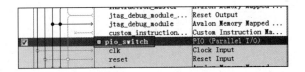

图 4.40　PIO 组件重命名

如图 4.41 所示,在 Connections 一列中,需要将 PIO 组件的时钟、复位信号分别连接到 Clock 组件的相应信号上(图 4.41 所示方框内的左边两个实心点)。此外,因为 Nios Ⅱ 处理器要能够访问到这个 PIO 组件,实现对 PIO 接口的输入状态采集,所以必须把 Nios Ⅱ 的数据总线(data_master)连接到 PIO 组件(即 s1)上,即图 4.41 所示方框内的最右边一个实心点。

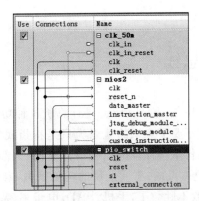

图 4.41　PIO 组件与 Clock 组件、Nios Ⅱ 处理器互连

相比之前的外设,PIO 外设的接口(用于控制蜂鸣器的引脚)需要引出到 Qsys 系统的外部,最终要连接到 FPGA 的引脚上,如图 4.42 所示,双击 PIO 外设 external_connection 一行的 Double-click to 处。

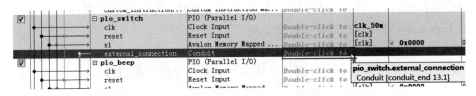

图 4.42　PIO 外设接口引出按钮

随后,如图 4.43 所示,在 PIO 外设 external_connection 一行出现了接口符号,说明该外设的接口已经引出。

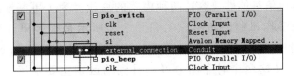

图 4.43　PIO 外设接口引出符号

第5章

Qsys 互连总线概述

5.1 嵌入式系统的总线

关于总线,比较正式的说法是:总线(Bus)是计算机各种功能部件之间传送信息的公共通信干线。说到计算机,大家不要下意识的就以为只是特指我们每天都要面对的电脑。比较高端的计算机,实验室里做科学级计算的叫超级计算机,火箭用的叫箭载计算机,卫星上用的叫星载计算机;稍微逊色一点的,工业上用的叫工控机,家里用的叫 PC 机、笔记本;而嵌入式系统用的计算机更是数不胜数了,手机、PAD、电子书,甚至空调、冰箱和微波炉等常见的电器,细细找找,发现生活中凡是涉及电的还真没有一样离得开"微电"的控制。提到控制,那么肯定或大或小有个 CPU,一旦和 CPU 搭上边好歹也要算个小型计算机了。计算机不仅有 CPU,还需要有各种外设配合 CPU 与外界通信,那么 CPU 与外设之间的通信靠什么? 总线? 是的,虽然不是每种系统中都要有总线,但凡是大一点的系统都会有总线,因为总线能够很好地衔接管理各个外设与 CPU 之间的通信,简化硬件电路设计和系统结构。所以,说了这么多,该领悟到总线很重要了吧。

总线到底如何工作? 又如何连接 CPU 和外设?

广义上来说,任何衔接多个外设甚至是多个相同外设的一组信号都可以称为"总线",比如 CAN 总线、USB 总线、IIC 总线等。而这里所论述的总线,主要是指针对 CPU 与外设之间的总线。在嵌入式系统应用中,也许大家都接触过的最简单的总线有 Intel 总线和 Motorola 总线。这两类总线最初应用于 Intel 和 Motorola 两家公司生产的处理器,最为典型的是早期的 PC 系列处理器,如 Intel 的 8086 和 Motorola 的 MC6800,后来的很多单片机乃至外设芯片的并口通信都能够兼容这两种模式的总线。为了更好地理解总线的概念,不妨看看这两种总线的工作机制。如图 5.1 和图 5.2 所示是很多单片机都支持的 Intel 和 Motorola 并行接口时序。习惯上,大家一谈到 8080 总线就认定是 Intel 总线,6800 总线也就是 Motorola 总线。从这两个时序图上可以看到的区别主要是读/写选通的区别。Intel 总线分别使用读选通信号 RD♯ 和写选通信号 WR♯ 两个信号的低电平状态来表示当前处于读或写选通状态;而 Motorola 总线则只使用一条 RW♯ 信号来表示当前的读写状态,当总线选通期间,若 RW♯ 为高电平则表示读状态,低电平则为写状态。除此以外,规范的 Intel 总线和 Motorola 总线在地址和数据总线的使用上也是有所区别的。

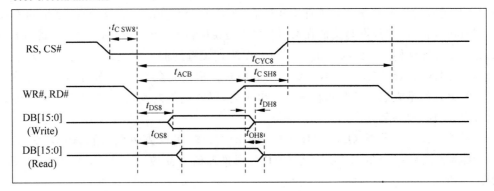

图 5.1　8080 总线接口时序

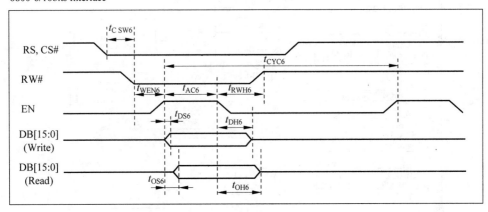

图 5.2　6800 总线接口时序

另外,需要从这两个时序图中看到一个基本的"总线雏形"。也就是说,一条规范的总线,无外乎由控制信号(有时候也习惯称之为控制总线,但是此总线非彼总线,大家注意区分)、地址信号、数据信号这三类信号组成。例如 Intel 总线的控制信号主要有片选信号 CS♯、写选通信号 WR♯、读选通 RD♯ 和地址/数据选择信号 RS,它们的功能就是用于指示当前的总线处于怎样的状态——是正在读取数据、写入数据、写入地址还是闲置中。它们的地址信号和数据信号是复用的(很多总线的地址和数据信号不是复用的,如 Avalon 总线就是分离的),即时序图中的 DB[15:0]。在一次读写操作中,如果 RS 为高电平,则表示当前操作为命令的读或写;如果 RS 为低电平,则表示当前操作为数据的读或写。

Intel 总线和 Motorola 总线在嵌入式系统中虽然已经不那么盛行了,但是对人们的学习而言,认识一条总线的目的并不只在于领会总线本身的工作机制,而是要更多地去领悟并掌握一种新协议的学习技能。尤其是如果要成为一名 FPGA 工程师,常常要和底层的硬件打交道。因此,我们学习的最终目的是学以致用。在作者的《深入浅出玩转 FPGA》一书中讲述了一种用 FPGA 逻辑来设计 Intel/Motorola 总线的从机,有兴趣的读者可以去研究一下。

　　其实上面提到的 Intel 总线和 Motorola 总线是 CPU 和外设数据交互的一种方式,是在硬件工程师的板级设计中看得到的固定信号连接的通信方式。而在后面将要重点讨论的这种 CPU 与外设的互连总线却是硬件工程师在 PCB 上看不到的。也就是说,这里的外设不在"外"而在"内",这些外设是集成在 CPU(严格地说应该叫 MCU 或 MPU)内部的,而 CPU 内部的总线互连架构是板级设计的工程师们无法直观看到的。但是作为 Qsys 系统架构的工程师,必须深入地研究这些互连总线的工作机理。毕竟完全 DIY 出来的 SOPC 硬件系统中所有的组件都是根据系统需求精挑细选出来的,因此它们之间的衔接和数据交换也必须是能够去"设计"的一部分。

　　先不讨论在 Altera 的 Qsys 中使用的 Avalon 总线,可以去研究一下 ARM7 系统中常见的内部系统总线。如图 5.3 所示为 NXP 公司推出的一款内嵌 ARM7TDMI-S 内核的控制器内部功能框图。

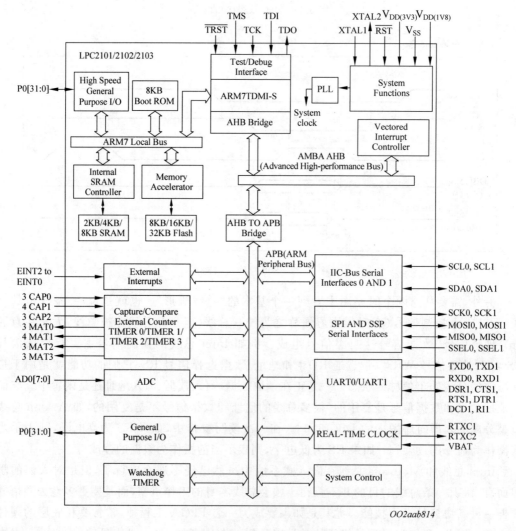

图 5.3　ARM7 内部系统框图

在这个框图里,不必关心它都集成了哪些外设,而是要看看它的处理器内核与其他外设以及外设与外设之间是如何互连的。简单地看,从内核引出的两条总线分别是 Local Bus 和 Advanced High-performance bus(AHB),Local Bus 即本地总线,其上挂靠的都是一些实时性要求最高、数据吞吐量最大的"外设"。毫无疑问,在一个系统中,这种实时性最高、数据吞吐量最大的"外设"非存储器莫属,因为程序运行、数据变量读写都要频繁地访问 ROM 存储器或 RAM 存储器。除此之外,还看到有一个高速 GPIO 模块也"运行"在这条"高速公路"上,该款芯片特别增强了 GPIO 的性能,是为满足一些特定的应用需求而设计的。除了存储器以外,其实这条高速总线是可以挂靠任何符合总线通信规范的外设组件的,但是一旦这条"高速公路"的"车"多了,就不可避免会发生拥堵,那么所谓的"高速"就名不副其实了。

系统还有一大堆外设需要挂靠呢,那怎么办? 不是还有一条 AHB 总线吗,这也是一条高性能总线,虽然和本地总线比可能还是要差点。这条总线上挂着一个中断向量控制器(Vectored Interrupt Controller)和一个桥(AHB to APB Bridge)。毫无疑问,系统的中断需要第一时间得到响应,因此它也就被挂在离处理器内核最近的总线上。最后来看 AHB2APB 桥,大家知道,一般的嵌入式外设速度和带宽要求都不高,因此在这个系统内部,就把所有余下的外设组件都挂靠在了一条称为 APB 的总线上,而这条 APB 总线最终也需要挂接在与 CPU 直接相连的 AHB 总线上。因此,AHB2APB 桥所做的就是连接 APB 总线和 AHB 总线,并且它还要像 CPU 本身一样作为 APB 总线的主机,来统管各个外设。

费了这么多篇幅,终于讲到 CPU 内部的片上总线了。除了 ARM7 上流行的 AMBA 总线(AXI 总线)外,还有 Silicore 的 Wishbone 总线(FPGA 厂商 Lattice 的工具对该总线支持较多,很多开源设计也都采用此总线)、IBM 的 CoreConnect 总线,然后就是 Altera 的 Avalon 总线。不同总线各有特点,适用范围也有所不同。Avalon 总线就是 Altera 公司主推的应用于其软核处理器 Nios Ⅱ 上的总线,主要包括 Avalon-MM 总线和 Avalon-ST 总线,下面来认识它们。

基于 Nios Ⅱ 处理器的片内系统互连主要依靠的就是 Avalon-MM 总线和 Avalon-ST 总线。如图 5.4 所示,这是一个典型的 Nios Ⅱ 系统,Nios Ⅱ 处理器和各外设之间通过 Avalone-MM 总线进行交互,而外设之间点到点数据流的传输则可以通过 Avalon-ST 总线来完成。Avalon-MM(Avalon Memory Mapped Interface)总线是一种基于地址读写的主从互连的机制。Avalon-ST(Avalon Streaming Interface)总线主要应用于单向数据流传输,可以完成点到点的大数据量吞吐。另外,在 Avalon 总线规范里,还有 Avalon-MM Tristate 和 Conduit 接口,这主要是 Avalon-MM 的一个扩展,也可以理解为它是 Avalon-MM 的一个"集线器",就如同前面 ARM7 芯片内部的"AHB2APB 桥"一样,可以实现对 Avalon-MM 从机的复用。这样做的好处是减少从机接口的数量,用一套这样的引出总线信号就可以挂接多个从机。比如在接口信号的数量紧张时,尤其是连接到 FPGA 外部引脚上有多个存储器(如图中的 SRAM 和 Flash)时,就可以复用到一个 Avalon-MM Tristate 接口上。而 Conduit 接口则是 Avalon-MM 从机引出的可以连接到 FPGA 其他逻辑模块或是 FPGA 外部引脚上的信号接口。

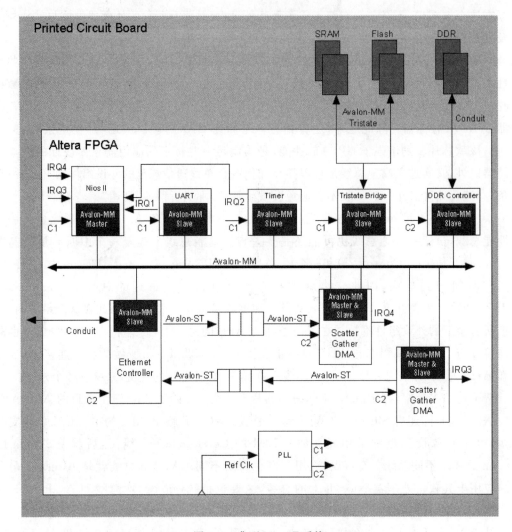

图 5.4　典型 Nios Ⅱ 系统

5.2　Avalon-MM 总线

　　Qsys 系统中用于互连 Nios Ⅱ 和各个组件之间的 Avalon 总线（主要是 Avalon-MM 总线）就好像一条"康庄大道"，而各个主机或是从机都是通过一条"羊肠小道"连接到这条主干道上。主机有访问各个从机的主动权，一个系统中的主机可以不止一个，CPU 可以是主机，DMA 也可以是主机。当 CPU 通过康庄大道访问从机 A 的时候，DMA 也可以通过这条康庄大道访问从机 A 以外的其他从机，二者互不冲突。但是，如果 CPU 访问从机 A，DMA 也试图访问从机 A，那么就会发现最终通往从机 A 的那条羊肠小道要"抗议"了，此时就必须考虑加入一些仲裁逻辑，既可以让某个主机优先访问，也可以遵循"先来后到"的准则。

　　回到概念上来，Avalon-MM 总线所针对的是主从连接、可以用地址进行访问的通信。对于很多嵌入式的软件工程师来说，他们潜意识里已经把这些复杂外设的驱动控制理解为对数据手册里那些大大小小的寄存器所对应的地址进行读写了。问题的确也就这么简单，Avalon-MM 接口就是顺着大家的这种惯常思维(毕竟这已成为一种标准了)应运而生。其实简单的 Avalon-MM 接口时序和前面介绍的 Intel 接口或是 Motorola 接口很有几分相似，所以，大家也不用太畏惧，面对 Avalon-MM 要有信心，不仅要弄懂它，更是要玩转它。

　　如图 5.5 所示，在已经完成的 Qsys 系统中，有两个 PIO 组件是标准库中的组件，不妨以它们为例，深入了解 Avalon-MM 总线接口的具体实现。

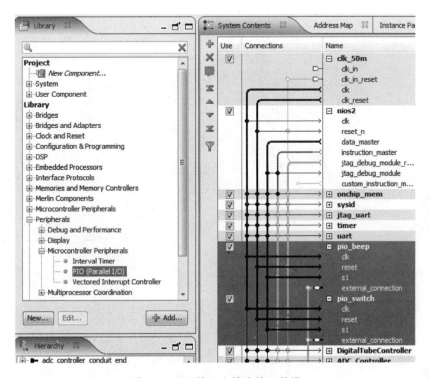

图 5.5　PIO 输入和输出接口外设

　　如图 5.6 所示为 PIO 组件内部功能和接口框图。Nios Ⅱ 处理器同 Avalon-MM 总线访问(读或写)PIO 组件内部的寄存器，从而控制 PIO 引脚的输入输出功能。

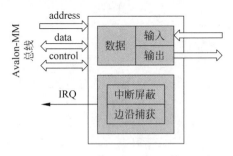

图 5.6　PIO 组件内部功能和接口框图

　　在添加到 Qsys 系统中的两个 PIO 组件中，pio_beep 组件为 1 位的输出引脚，用于连接板载的蜂鸣器；pio_switch 组件为 4 位的输入引脚，用于连接板载的拨码开关。对于 Nios Ⅱ 处理器而言，正好这两个组件一个是输出，一个是输入。下面看看这两个外设的源码中如何实现 Avalon-MM 总线读和写的接口逻辑。

当 Qsys 系统生成后，所有 Qsys 系统组件源码都会自动生成并存放在工程文件夹下的路径"… \qsys\cy4_qsys\synthesis\submodules"下。cy4_qsys_pio_beep. v 源码对应 pio_beep 组件，cy4_qsys_pio_switch. v 源码对应 pio_switch 组件。

5.2.1　Avalon-MM 总线写数据操作实例解析

Pio_beep 组件的源码 cy4_qsys_pio_beep. v 如下。

```verilog
module cy4_qsys_pio_beep (
                              //输入:
                              address,
                              chipselect,
                              clk,
                              reset_n,
                              write_n,
                              writedata,

                              //输出
                              out_port,
                              readdata
                          )
;

    output              out_port;
    output   [31: 0]    readdata;
    input    [ 1: 0]    address;
    input               chipselect;
    input               clk;
    input               reset_n;
    input               write_n;
    input    [31: 0]    writedata;

    wire                clk_en;
    reg                 data_out;
    wire                out_port;
    wire                read_mux_out;
    wire     [31: 0]    readdata;
    assign clk_en = 1;
    //s1, which is an e_avalon_slave
    assign read_mux_out = {1 {(address == 0)}} & data_out;
    always @(posedge clk or negedge reset_n)
      begin
        if (reset_n == 0)
          data_out <= 0;
        else if (chipselect && ~write_n && (address == 0))
            data_out <= writedata;
      end
```

```
        assign readdata = {32'b0 | read_mux_out};
        assign out_port = data_out;


    endmodule
```

要解析这段源代码,明白 Avalon-MM 总线主机对从机进行写操作的逻辑,首先必须清楚 Avalon-MM 总线的写时序波形。具体可以参考官方文档 mnl_avalon_spec.pdf。Avalon-MM 总线有一组标准的读写信号定义,但这些信号中,有的信号是一定要有的,而有的信号则根据需求添加,即可有可无。

在 cy4_qsys_pio_beep.v 的源码中,使用到的接口信号一共有 8 个,如表 5.1 所示,可以逐一将它们归类,并根据信号名映射到相应总线的信号接口上。

表 5.1　**cy4_qsys_pio_beep.v 源码接口定义**

信 号 名 称	信 号 类 型	方　　向	功 能 定 义
clk	时钟接口	Input	时钟信号
reset_n		Input	复位信号,低电平有效
chipselect	Avalon-MM 总线接口	Input	片选信号,高电平有效
address[1:0]		Input	地址总线信号
write_n		Input	写选通信号,高电平有效
writedata[31:0]		Input	写数据总线信号
readdata[31:0]		Output	读数据总线信号
out_port	管道接口	Output	连接到 FPGA 引脚上的输入信号

基于这个模块的接口信号,Avalon-MM 总线主机对从机的写数据时序可以简化,如图 5.7 所示。在这个时序波形中,时钟信号 clk 的第 1 个上升沿,片选信号 chipselect 有效(高电平),写选通信号 write_n 有效(低电平),地址 addr1 将执行数据 data1 的写入,对于 pio_beep 外设而言,若写入地址 addr1 为 0,那么数据 data1[0] 将直接赋值给控制蜂鸣器接口的引脚(out_port),从而实现蜂鸣器发声的控制。时钟信号 clk 的第 3 个上升沿,将执行

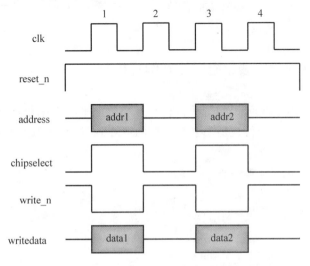

图 5.7　Avalon-MM 总线写时序

同样的操作。而在时钟信号 clk 的第 2 个和第 4 个上升沿,由于片选信号 chipselect 和写选通信号 write_n 都处于无效状态,所以不执行写操作。

一旦搞清楚了这个 Avalon-MM 总线主机对从机的写数据时序波形,就可以继续来消化源码中如何实现从机接口逻辑。看似一大段代码,实际就两部分逻辑,不妨将它们分开来解析。

Avalon-MM 总线主机对从机的写数据操作逻辑接口代码如下。

```
reg              data_out;

always @(posedge clk or negedge reset_n)
    begin
        if (reset_n == 0)
            data_out <= 0;
        else if (chipselect && ~write_n && (address == 0))
            data_out <= writedata;
    end

assign out_port = data_out;
```

data_out 寄存器在 Avalon-MM 总线的片选信号 chipselect 有效(高电平),写选通信号 write_n 有效(低电平),且地址 address 为 0 时,锁存写数据总线 writedata 上的数据。由于 data_out 寄存器为 1 位,而赋值给它的写数据总线 writedata 为 32 位,因此 writedata[0] 赋值给 data_out 寄存器。data_out 寄存器的值又直接连到了 pio_beep 组件的输出引脚接口 out_port 上。这么看来,其实 Avalon-MM 总线写数据的从机接口其实并不复杂。

可以再看余下的逻辑,代码如下。

```
assign read_mux_out = {1 {(address == 0)}} & data_out;
assign readdata = {32'b0 | read_mux_out};
```

当 Avalon-MM 总线主机读取从机 0 地址时,data_out 首先赋值给 wire 信号 mux_out,随后再赋值给 Avalon-MM 总线的读数据总线 readdata。

5.2.2　Avalon-MM 总线读数据操作实例解析

cy4_qsys_pio_switch.v 源码实现 4 位拨码开关的电平状态采集,以及中断产生和中断屏蔽控制,对于大家的学习而言,是一个很经典的 Avalon-MM 总线主机读取从机数据和中断控制逻辑的实例。

cy4_qsys_pio_switch.v 源码如下。

```
module cy4_qsys_pio_switch (
                            //输入:
                            address,
                            chipselect,
                            clk,
```

```
                              in_port,
                              reset_n,
                              write_n,
                              writedata,

                              //输出:
                              irq,
                              readdata
                         )
 ;

    output              irq;
    output    [ 31: 0]  readdata;
    input     [ 1: 0]   address;
    input               chipselect;
    input               clk;
    input     [ 3: 0]   in_port;
    input               2reset_n;
    input               write_n;
    input     [ 31: 0]  writedata;

    wire                clk_en;
    reg       [ 3: 0]   d1_data_in;
    reg       [ 3: 0]   d2_data_in;
    wire      [ 3: 0]   data_in;
    reg       [ 3: 0]   edge_capture;
    wire                edge_capture_wr_strobe;
    wire      [ 3: 0]   edge_detect;
    wire                irq;
    reg       [ 3: 0]   irq_mask;
    wire      [ 3: 0]   read_mux_out;
    reg       [ 31: 0]  readdata;
    assign clk_en = 1;
    //s1, which is an e_avalon_slave
    assign read_mux_out = ({4 {(address == 0)}} & data_in) |
      ({4 {(address == 2)}} & irq_mask) |
      ({4 {(address == 3)}} & edge_capture);

    always @(posedge clk or negedge reset_n)
      begin
        if (reset_n == 0)
            readdata <= 0;
        else if (clk_en)
            readdata <= {32'b0 | read_mux_out};
      end

    assign data_in = in_port;
    always @(posedge clk or negedge reset_n)
      begin
        if (reset_n == 0)
```

```verilog
                    irq_mask <= 0;
            else if (chipselect && ~write_n && (address == 2))
                    irq_mask <= writedata[3 : 0];
        end

    assign irq = |(edge_capture & irq_mask);
    assign edge_capture_wr_strobe = chipselect && ~write_n && (address == 3);
    always @(posedge clk or negedge reset_n)
        begin
            if (reset_n == 0)
                    edge_capture[0] <= 0;
            else if (clk_en)
                if (edge_capture_wr_strobe)
                    edge_capture[0] <= 0;
                else if (edge_detect[0])
                    edge_capture[0] <= -1;
        end

    always @(posedge clk or negedge reset_n)
        begin
            if (reset_n == 0)
                    edge_capture[1] <= 0;
            else if (clk_en)
                if (edge_capture_wr_strobe)
                    edge_capture[1] <= 0;
                else if (edge_detect[1])
                    edge_capture[1] <= -1;
        end

    always @(posedge clk or negedge reset_n)
        begin
            if (reset_n == 0)
                    edge_capture[2] <= 0;
            else if (clk_en)
                if (edge_capture_wr_strobe)
                    edge_capture[2] <= 0;
                else if (edge_detect[2])
                    edge_capture[2] <= -1;
        end

    always @(posedge clk or negedge reset_n)
        begin
            if (reset_n == 0)
                    edge_capture[3] <= 0;
            else if (clk_en)
                if (edge_capture_wr_strobe)
                    edge_capture[3] <= 0;
                else if (edge_detect[3])
                    edge_capture[3] <= -1;
        end
```

```
always @(posedge clk or negedge reset_n)
  begin
    if (reset_n == 0)
      begin
        d1_data_in <= 0;
        d2_data_in <= 0;
      end
    else if (clk_en)
      begin
        d1_data_in <= data_in;
        d2_data_in <= d1_data_in;
      end
  end

assign edge_detect = d1_data_in ^ d2_data_in;

endmodule
```

如表 5.2 所示为这个模块的接口定义。

表 5.2　cy4_qsys_pio_switch.v 源码接口定义

信 号 名 称	信 号 类 型	方　向	功 能 定 义
clk	时钟接口	Input	时钟信号
reset_n		Input	复位信号,低电平有效
chipselect	Avalon-MM 总线接口	Input	片选信号,高电平有效
address[1:0]		Input	地址总线信号
write_n		Input	写选通信号,高电平有效
writedata[31:0]		Input	写数据总线信号
readdata[31:0]		Output	读数据总线信号
irq	中断接口	Output	中断信号,高电平有效
In_port	管道接口	Input	连接到 FPGA 引脚上的输出信号

　　基于这个模块的接口信号,Avalon-MM 总线主机对从机的读数据时序可以简化,如图 5.8 所示。在这个时序波形中,时钟信号 clk 的第 1 个上升沿,写选通信号 write_n 保持高电平,地址为 addr1,在第 2 个 clk 上升沿读数据总线 readdata 将出现 addr1 地址对应的数据 data1。同理,时钟信号 clk 的第 3 个上升沿和第 4 个上升沿,将执行同样的操作。

　　与只有地址 0 可读写数据的 pio_beep 组件不同的是,作为输入 PIO 的 pio_switch 组件的地址 1 和地址 2 分别作为中断屏蔽寄存器和中断边沿状态寄存器使用。在官方文档 ug_embedded_ip.pdf 的 11 PIO Core 章节对寄存器的具体使用有详细说明和定义。

　　pio_switch 组件的主要功能为:地址 0 寄存器,即数据寄存器,存储当前采集到的最新的输入 PIO(即 4 位连接到 FPGA 引脚上的拨码开关)状态值;地址 1 寄存器,即中断屏蔽寄存器,可用于控制地址寄存器 0 电平状态的变化是否产生中断(irq 信号在产生中断时是否拉高);地址 2 寄存器,即中断边沿状态寄存器,在数据寄存器的电平状态变化时,这个寄存器值将置高,若对该寄存器执行写操作,该寄存器值将清零。

　　同样的方法,也可以将 100 多行的 cy4_qsys_pio_switch.v 源码进行分类解析。

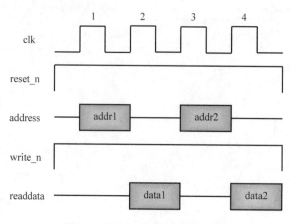

图 5.8　Avalon-MM 总线读时序

Avalon-MM 总线主机对从机的不同地址(即 0、1、2 地址)读数据逻辑代码如下。

```
wire    [3:0] data_in;
reg     [3:0] irq_mask;
reg     [3:0] edge_capture;
wire    [3:0] read_mux_out;

assign read_mux_out = (({4 {(address == 0)}} & data_in) |
    ({4 {(address == 2)}} & irq_mask) |
    ({4 {(address == 3)}} & edge_capture);

  always @(posedge clk or negedge reset_n)
    begin
      if (reset_n == 0)
          readdata <= 0;
      else if (clk_en)
          readdata <= {32'b0 | read_mux_out};
    end

assign data_in = in_port;
```

wire 信号 read_mux_out 主要是实现 0、1、2 不同地址译码,保存当前地址对应寄存器的数据。即 0 地址保存数据寄存器 data_in 的值;地址 1 保存中断屏蔽寄存器 irq_mask 的值;地址 2 保存中断边沿状态寄存器 edge_capture 的值。read_mux_out 的值随后就直接赋给 Avalon-MM 总线的读数据接口 readdata。

Avalon-MM 总线主机写地址 2 到中断屏蔽寄存器的逻辑代码如下。

```
always @(posedge clk or negedge reset_n)
    begin
      if (reset_n == 0)
          irq_mask <= 0;
      else if (chipselect && ~write_n && (address == 2))
          irq_mask <= writedata[3:0];
    end
```

Avalon-MM 总线的片选信号 chipselect 有效(高电平),写选通信号 write_n 有效(低电平),且地址 address 为 2 时,锁存写数据总线 writedata 上的数据到中断屏蔽寄存器 irq_mask 中。

PIO 输入引脚变化的状态指示信号存储在 wire 信号 edge_detect 中,该部分逻辑代码如下。

```verilog
wire    [3: 0] edge_detect;
always @(posedge clk or negedge reset_n)
    begin
      if (reset_n == 0)
        begin
            d1_data_in <= 0;
            d2_data_in <= 0;
        end
      else if (clk_en)
        begin
            d1_data_in <= data_in;
            d2_data_in <= d1_data_in;
        end
    end

assign data_in = in_port;
assign edge_detect = d1_data_in ^ d2_data_in;
```

如图 5.9 所示,in_port 的输入值通过两级寄存器 d1_data_in 和 d2_data_in 分别延时 1 个时钟周期和 2 个时钟周期,而 edge_detect 通过判断这两级寄存器的"异或"关系,即可在 in_port 发送电平变化的时候获得保持一个时钟周期的高电平。这个高电平状态就可以作为 in_port 电平变化的指示信号。

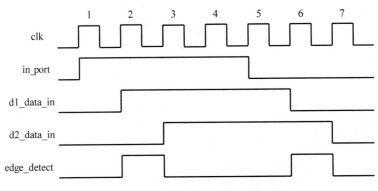

图 5.9　pio 输入状态变化捕获逻辑

剩余部分的逻辑分别对 4 位的中断边沿状态寄存器进行赋值,同时根据当前的中断屏蔽寄存器与中断状态对 irq 信号赋值。

```verilog
assign irq = |(edge_capture & irq_mask);
assign edge_capture_wr_strobe = chipselect && ~write_n && (address == 3);

always @(posedge clk or negedge reset_n)
    begin
      if (reset_n == 0)
          edge_capture[0] <= 0;
      else if (clk_en)
          if (edge_capture_wr_strobe)
              edge_capture[0] <= 0;
          else if (edge_detect[0])
              edge_capture[0] <= -1;
    end

always @(posedge clk or negedge reset_n)
    begin
      if (reset_n == 0)
          edge_capture[1] <= 0;
      else if (clk_en)
          if (edge_capture_wr_strobe)
              edge_capture[1] <= 0;
          else if (edge_detect[1])
              edge_capture[1] <= -1;
    end

always @(posedge clk or negedge reset_n)
    begin
      if (reset_n == 0)
          edge_capture[2] <= 0;
      else if (clk_en)
          if (edge_capture_wr_strobe)
              edge_capture[2] <= 0;
          else if (edge_detect[2])
              edge_capture[2] <= -1;
    end

always @(posedge clk or negedge reset_n)
    begin
      if (reset_n == 0)
          edge_capture[3] <= 0;
      else if (clk_en)
          if (edge_capture_wr_strobe)
              edge_capture[3] <= 0;
          else if (edge_detect[3])
              edge_capture[3] <= -1;
    end
```

edge_capture_wr_strobe 信号表示当前 Avalon-MM 总线对地址 3 的寄存器执行写操作,无论写入数据是什么值,该信号在写操作期间都拉高(至少能够保持 1 个时钟周期)。中断边沿状态寄存器 edge_capture 在 edge_capture_wr_strobe 信号拉高时(即 Avalon-MM 总线执行了写中断边沿状态寄存器操作)清零；在 edge_detect 值为高时则执行拉高操作。通俗的理解,当外部输入引脚电平变化,比如这个实例的拨码开关从 ON 拨到 OFF 或者从 OFF 拨到 ON 时,edge_detect 值拉高,edge_capture 寄存器的对应位也拉高,此时若中断屏蔽寄存器 irq_mask 的对应位也为高,那么 irq 信号就拉高发出中断请求。此时,通常 Nios II 会先读取当前数据寄存器的值,然后 Nios II 处理器主机需要对 edge_capture 寄存器执行一次写入操作,将 edge_capture 寄存器的值清零。这样就算完成了一次完整的 PIO 输入状态采集和中断处理。

5.3　Avalon-ST 总线

相对于 Avalon-MM 总线基于地址映射的访问方式,Avalon-ST 总线更适合于高带宽、低时延的单向数据流传输。举个实例来说,如图 5.10 所示,对于一个简单的图像采集显示系统,在衔接一些高数据吞吐量的接口上就可以让 Avalon-ST 总线派上用场。假设这个实例系统中 Nios II 处理器负责将前端采集的图像进行解码或是其他变换处理,然后再送给显示终端。那么在图像采集的前端就会产生大量的数据吞吐量,而在图像显示刷新的后端也会有大量的数据搬运工作,这些任务交给 Avalon-ST 总线配合 DMA 来搞定是最合适不过了。

同样可以用一个最简单的 Avalon-ST 总线接口来领会理解其工作原理,如图 5.11 所示。在这个 Avalon-ST 的源端(source)和宿端(sink)之间只用了 2 个控制信号 valid 和 ready 就可以轻松完成单向数据流 data 的传输。其实这样简单的传输控制方式在逻辑设计中用得非常频繁,但是若深入研究 Avalon-ST 总线的一整套传输机制,那还是有些真有学问的。

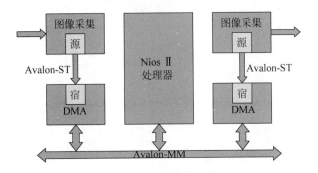

图 5.10　数据采集显示系统

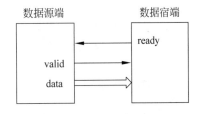

图 5.11　Avalon-ST 最简单接口

通信的机理比较简单,ready 信号用于指示数据宿(Data Sink)端是否准备就绪,是否可以接收数据源(Data Source)端传输过来的数据信号 data。而数据源端在需要发送数据的时候也会先检查 ready 信号是否处于有效状态,若有效,则拉高 valid 信号,同时将需要传输的数据赋给数据信号 data。数据宿端根据 valid 信号的有效与否决定是否接收当前的数据。当然,这里省略了时钟信号,每次数据传送通常都是按照时钟信号一个节拍一个节拍的工作。

　　如图 5.12 所示，对于这个简单的 Avalon-ST 总线传输而言，在宿端拉高 ready 信号以后，源端发送过来的数据（valid 有效时）才会被接收。第 1 个时钟信号 clk 的上升沿，valid 信号有效，但是 ready 信号无效，所以此时传输的数据无效（invalid）；第 2 个时钟信号 clk 的上升沿，valid 信号和 ready 同时有效，因此数据 data1 就能被宿端接收；第 3 个时钟信号 clk 的上升沿，valid 信号无效，故不锁存任何数据；第 4 个和第 6 个时钟信号 clk 的上升沿，data2 被锁存；第 5 个和第 7 个时钟信号 clk 的上升沿，ready 信号无效，故传输数据无效。

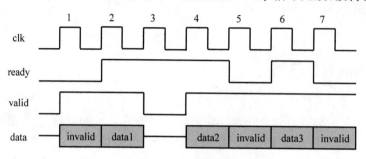

图 5.12　Avalon-ST 总线传输实例

　　简单的接口模型和示意图让大家看清了 Avalon-ST 总线的本来面目，在实践中应用 Avalon-ST 总线也就不再困难。

第6章

Qsys 自定义组件设计

所谓自定义组件,官方的解释如图 6.1 所示。Nios Ⅱ 处理器是一个主机,这个主机可以连接很多从机,Altera 的 Qsys 中本身就能够提供一些常用的从机,如前面已经学习过的 GPIO、UART、System ID 等。组件逻辑是用户自定义的逻辑,可以通过 Avalon-MM 或 Avalon-ST 接口规范与 Nios Ⅱ 处理器之间进行通信,从而达到自定义逻辑与处理器访问的无缝连接。这个自定义组件一方面有与 FPGA 外部器件的接口(一般是使用 FPGA 的 I/O 口),另一方面也有与 Qsys 组件连接(一般都是指 Nios Ⅱ 处理器)的接口,Nios Ⅱ 系统中常用的总线接口是 Avalon-MM 或 Avalon-ST。

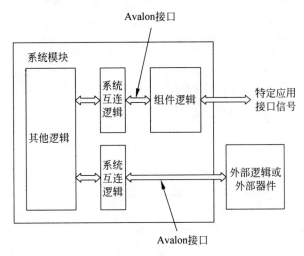

图 6.1　Qsys 自定义组件示意图

6.1　数码管组件

6.1.1　功能概述

digital_tube_controller 组件通过 Avalon-MM 总线从机接口实现 Nios Ⅱ 处理器将 4

位数字显示到数码管上。该组件定时进行数码管显示驱动刷新,将 Nios Ⅱ 处理器发送到数据寄存器的 32 位数据显示到数码管上。

如图 6.2 所示,在实例工程所在路径"···/cy4qsys/source_code/digital_tube_controller"下,3 个 * . v 代码是数码管组件的 Verilog 工程源码。

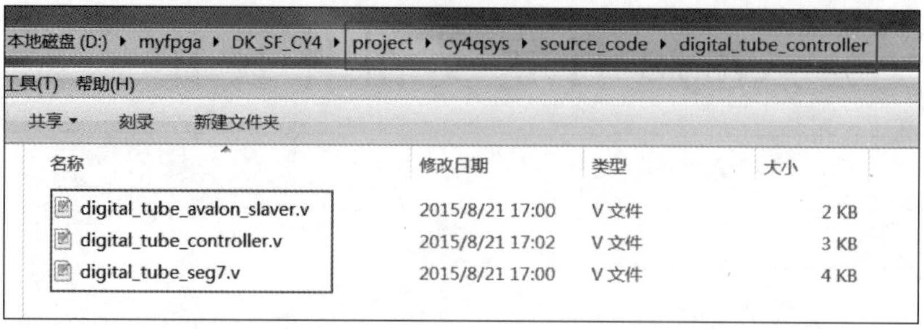

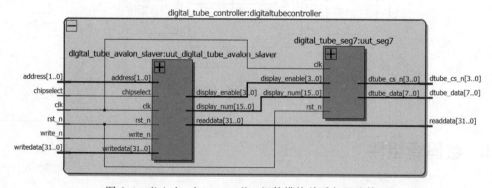

图 6.2　digital_tube_controller 组件源码存放路径

这 3 个源码的层次关系如图 6.3 所示。

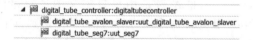

图 6.3　digital_tube_controller 组件的源码层次结构

digital_tube_controller 组件各个模块功能的详细说明如表 6.1 所示。

表 6.1　digital_tube_controller 组件源码模块说明

模 块 名 称	功 能 描 述
digital_tube_controller. v	该模块为顶层模块,主要对下一级 2 个模块进行例化、互连和信号引出
digital_tube_avalon. v	该模块主要是该组件和 Nios Ⅱ 之间作为 Avalon-MM 的从机接口逻辑
digital_tube_seg7. v	该模块是数码管的显示驱动逻辑

如图 6.4 所示,这里很清晰地展现了 digital_tube_controller 组件的内部模块关系与互连接口。

图 6.4　digital_tube_controller 组件模块关系与互连接口

digital_tube_controller 组件接口的详细定义如表 6.2 所示。接口定义中的方向均为相对于 FPGA 的信号方向。

表 6.2　**digital_tube_controller** 组件接口定义

信 号 名 称	信 号 分 类	方　向	功 能 描 述
clk	Clock 接口	Input	时钟信号
rst_n	Clock 接口	Input	复位信号，低电平有效
chipselect	Avalon-MM 接口	Input	片选信号，高电平有效
write_n	Avalon-MM 接口	Input	写选通信号，低电平有效
address[1:0]	Avalon-MM 接口	Input	地址总线
writedata[31:0]	Avalon-MM 接口	Input	写数据总线
readdata[31:0]	Avalon-MM 接口	Output	读数据总线
dtube_cs_n[3:0]	数码管接口	Output	数码管位选信号，低电平有效
dtube_data[7:0]	数码管接口	Output	数码管段选信号

6.1.2　配置寄存器说明

如图 6.5 所示，Nios Ⅱ 处理器可以通过 Avalon-MM 总线访问该组件的数据寄存器和控制寄存器，实现数码管数据显示控制。

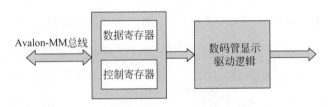

图 6.5　digital_tube_controller 组件寄存器视图

digital_tube_controller 组件的寄存器均为 32 位，详细定义如表 6.3 所示。

表 6.3　**digital_tube_controller** 组件寄存器定义

寄 存 器	地　址	功 能 描 述
数据寄存器	0	该寄存器作为数码管显示数据寄存器 bit31～24：千位数据； bit23～16：百位数据； bit15～8：十位数据； bit7～0：个位数据
控制寄存器	1	该寄存器用于控制数码管位选信号 bit31～4：保留不用； bit3：千位显示； bit2：百位显示； bit1：十位显示； bit0：个位显示

Nios Ⅱ 处理器要将某个数据显示到数码管时，要先开启数码管位选，即写数据到控制寄存器，随后写显示数据到数据寄存器即可。

例如，将十进制数据 5498 显示到数码管上，那么要依次往控制寄存器写 0x000f、往数据寄存器写 0x5498(注意这里写入必须是十六进制)。此后,若需要更新显示数据,只要将新数据写入到数据寄存器即可。

又例如,将 3 位十进制数据 307 显示到数码管的低 3 位上,并且最高位不显示,那么只要依次往控制寄存器写 0x0007、往数据寄存器写 0x307。

6.1.3　组件创建与配置

如图 6.6 所示,在 Qsys 界面的 Library 面板上,选择 Project→New Component,由此打开自定义组件配置页面。

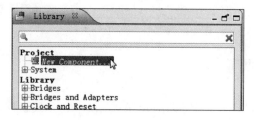

图 6.6　Library 面板

在首先弹出的 Component Type 页面中,按如图 6.7 所示进行配置。

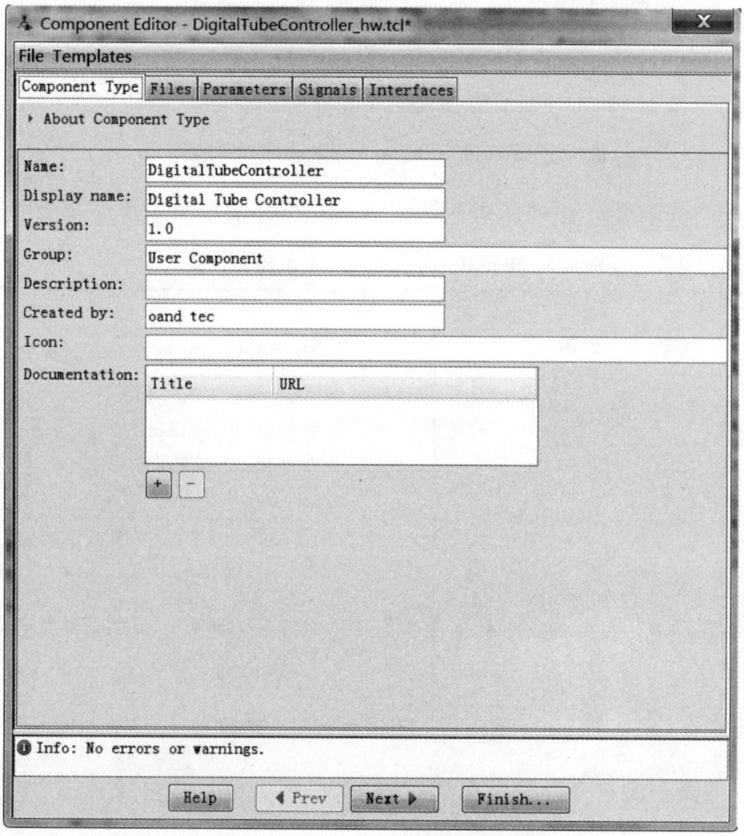

图 6.7　digital_tube_controller 组件类型配置

- Name 是组件名称,即添加该组件后在 Qsys 中的名称,这里输入 DigitalTubeController。
- Display name 是该组件在 Library 面板显示的名称,这里输入 Digital Tube Controller。
- Version 是版本号,这里输入 1.0。
- Group 是在 Library 面板中的分类,这里输入 User Component。
- Description 是组件描述,这里忽略不填写。
- Created by 是组件创建者署名,这里输入 oand tec。
- Icon 是组件图标,这里忽略不填写。
- Documentation 是组件文档链接,这里也不添加。

如图 6.8 所示,在 Files 页面中,首先单击"＋"按钮,将这个组件的 3 个工程源码模块都添加进来,接着单击 Analyze Synthesis Files 对这 3 个模块进行综合编译,最后在 Top-level Module 后面选择 digital_tube_controller。

图 6.8　digital_tube_controller 组件文件加载配置

如图 6.9 所示,在 Parameters 页面中,这里可以设置组件源码中定义的参数是否用户加载组件时可配置,由于这里的 ADDR_SIZE 是固定值,不允许用户配置,所以不勾选 Editable 一列。

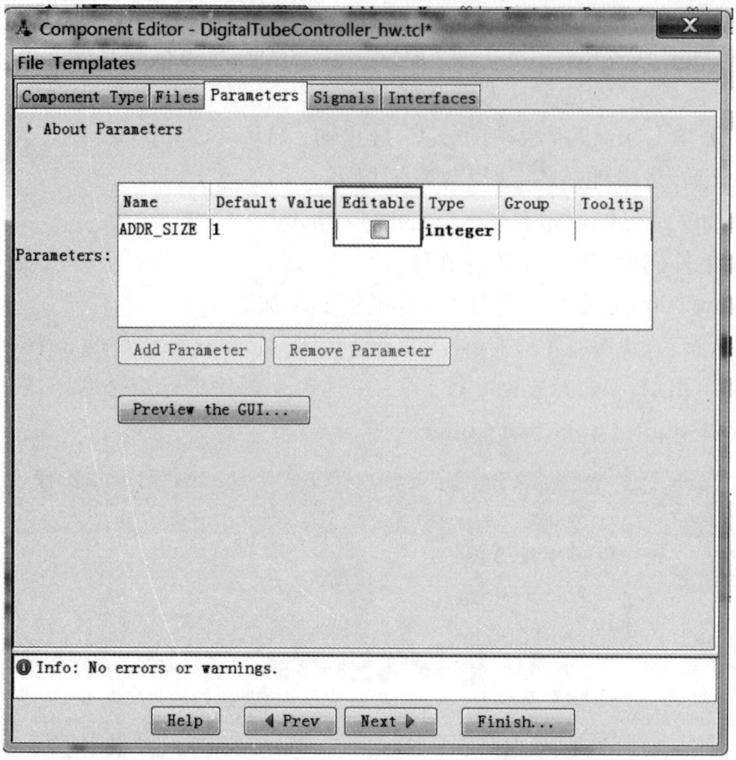

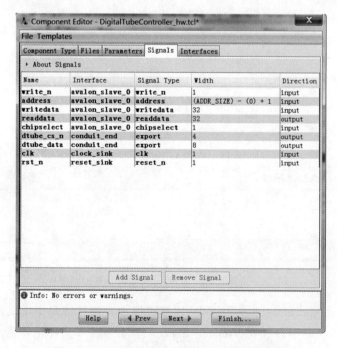

图 6.9   digital_tube_controller 组件参数配置

在 Signals 页面中，如图 6.10 所示，顶层源码模块的所有信号都出现在这里了。

图 6.10   digital_tube_controller 组件信号配置

- avalon_slave_0 是 Avalon-MM 总线的信号接口,Signals Type 中要指定各个信号对应的类型。
- conduit_end 是输出到 Qsys 系统外部的接口,是 Qsys 系统和外部接口的信号,通常是连接到 FPGA 引脚上的信号,它的 Signal Type 固定为 export。
- clock_sink 为时钟信号,reset_sink 为复位信号。

最后是 Interfaces 页面,前面定义了 avalon_slave_0、conduit_end、clock_sink 和 reset_sink,都需要分别进行详细的接口配置。

对于 avalon_slave_0 接口的配置,如图 6.11 所示,尤其要注意 Timing 中配置 Avalon-MM 读写的时序参数,相应配置在 Read Waveforms 和 Write Waveforms 中会示意出来。

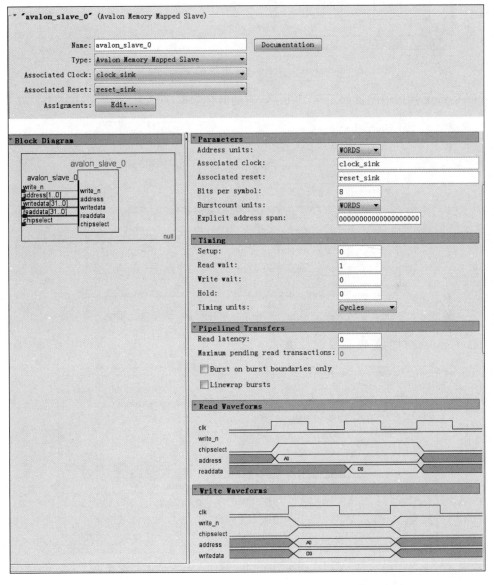

图 6.11　digital_tube_controller 组件 avalon_slave_0 接口配置

conduit_end 接口的配置如图 6.12 所示。

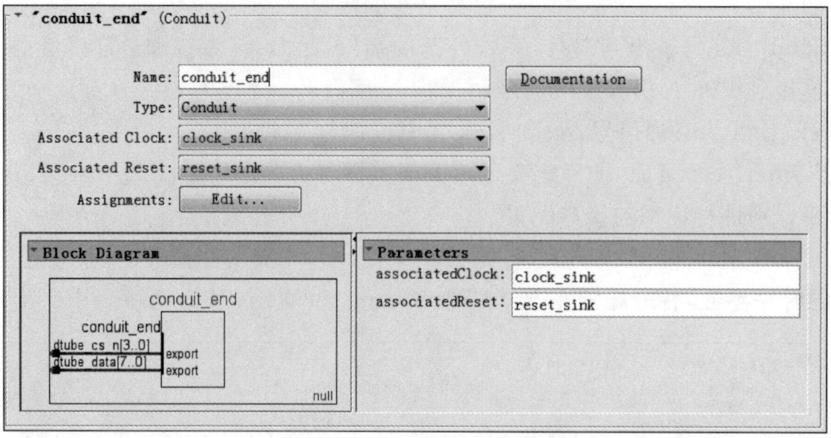

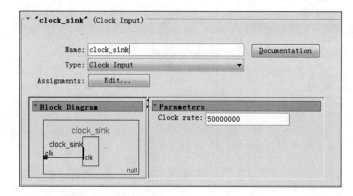

图 6.12　digital_tube_controller 组件 conduit_end 接口配置

clock_sink 接口的配置如图 6.13 所示,它的时钟频率(Clock rate)为 50MHz。

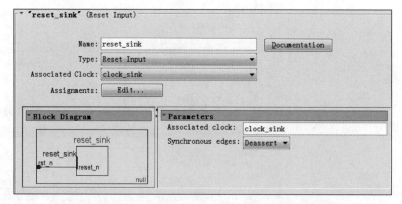

图 6.13　digital_tube_controller 组件 clock_sink 接口配置

reset_sink 接口的配置如图 6.14 所示。

图 6.14　digital_tube_controller 组件 reset_sink 接口配置

配置完成,单击 Finish 按钮。如图 6.15 所示,此时可以看到 Library 下多出了一个 User Component→Digital Tube Controller 组件。

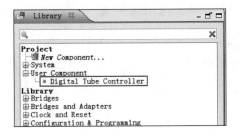

图 6.15　digital_tube_controller 组件出现在 Library 面板

6.1.4　组件添加与配置

如图 6.16 所示,在 Library 面板中,选择 Library→User Component→Digital Tube Controller,双击即可添加该组件。

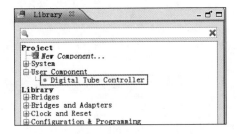

图 6.16　digital_tube_controller 组件添加

如图 6.17 所示,在弹出的数码管组件设置页面中,无可配置选项,直接单击 Finish 按钮。

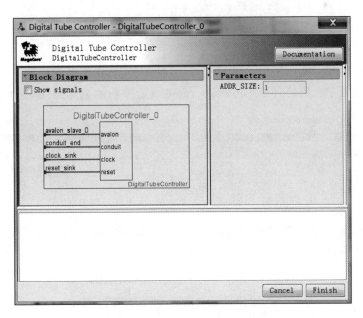

图 6.17　digital_tube_controller 组件配置页面

如图 6.18 所示，修改刚刚添加的组件名称为 Digital Tube Controller。

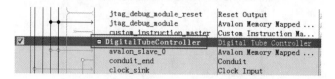

图 6.18　digital_tube_controller 组件重命名

6.1.5　组件互连与引出

如图 6.19 所示，在 Connections 一列中，需要将数码管组件的时钟、复位信号分别连接到 Clock 组件的相应信号上（图 6.19 所示方框内的左边两个实心点）。此外，因为 Nios Ⅱ 处理器要能够访问到这个数码管组件，必须把 Nios Ⅱ 的数据总线（data_master）连接到数码管组件（即 avalon_slave_0）上，即图 6.19 所示方框内的最右边一个实心点。

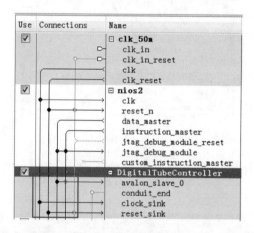

图 6.19　digital_tube_controller 组件与 Nios Ⅱ 处理器互连

数码管驱动的信号接口需要引出到 Qsys 系统的外部，最终要连接到 FPGA 的引脚上，如图 6.20 所示，双击数码管外设 external_connection 一行的 Double-click to 处。

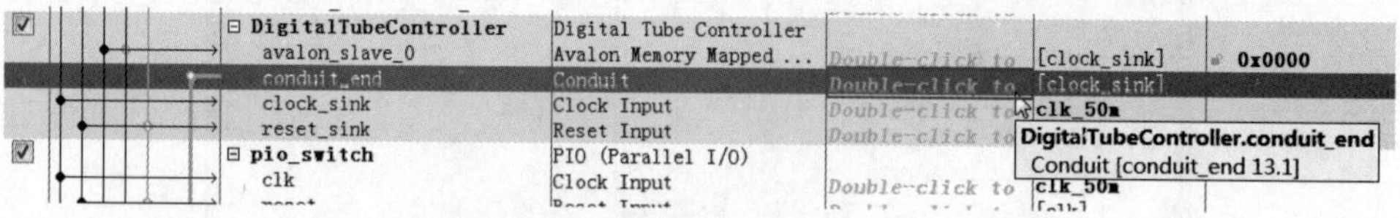

图 6.20　digital_tube_controller 组件接口引出

随后，如图 6.21 所示，在数码管外设 external_connection 一行出现了接口符号，说明该外设的接口已经引出。

图 6.21　digital_tube_controller 组件引出接口符

6.2　ADC 组件

6.2.1　功能概述

　　adc_controller 组件通过 Avalon-MM 总线从机接口实现 Nios Ⅱ 处理器与 ADC 芯片 TLC549 之间的数据传输。该组件产生 TLC549 芯片数据读取所需的接口时序,定时读取 ADC 芯片的采样数据存储到 Avalon-MM 总线可访问的数据寄存器中,供 Nios Ⅱ 处理器读取。

　　如图 6.22 所示,在实例工程所在路径“…/cy4qsys/source_code/adc_controller”下,3 个 *.v 代码是 ADC 组件的 Verilog 工程源码。

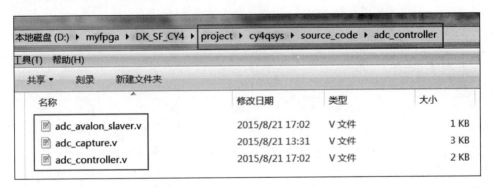

图 6.22　adc_controller 组件源码存放路径

这 3 个源码的层次关系如图 6.23 所示。

图 6.23　adc_controller 组件的源码层次结构

adc_controller 组件各个模块功能的详细说明如表 6.4 所示。

表 6.4　adc_controller 组件源码模块说明

模 块 名 称	功 能 描 述
adc_controller.v	该模块为顶层模块,主要对下一级 2 个模块进行例化、互连和信号引出
adc_avalon_slaver.v	该模块主要是在该组件和 Nios Ⅱ 之间作为 Avalon-MM 的从机接口逻辑
adc_capture.v	该模块产生 ADC 芯片的读接口时序,采集 ADC 数据

　　如图 6.24 所示,这里清晰的展现了 adc_controller 组件的内部模块关系与互连接口。
　　adc_controller 组件接口的详细定义如表 6.5 所示。接口定义中的方向均为相对于 FPGA 的信号方向。

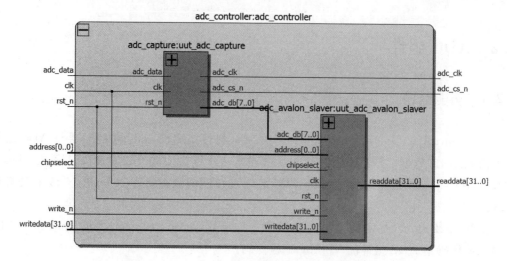

图 6.24   adc_controller 组件模块关系与互连接口

表 6.5   adc_controller 组件接口定义

信 号 名 称	信 号 分 类	方　　向	功 能 描 述
clk	Clock 接口	Input	时钟信号
rst_n	Clock 接口	Input	复位信号，低电平有效
chipselect	Avalon-MM 接口	Input	片选信号，高电平有效
write_n	Avalon-MM 接口	Input	写选通信号，低电平有效
address[0:0]	Avalon-MM 接口	Input	地址总线
writedata[31:0]	Avalon-MM 接口	Input	写数据总线
readdata[31:0]	Avalon-MM 接口	Output	读数据总线
adc_cs_n	ADC 芯片接口	Output	TLC549 芯片片选信号，低电平有效
adc_clk	ADC 芯片接口	Output	TLC549 芯片时钟信号
adc_data	ADC 芯片接口	Input	TLC549 芯片数据信号

6.2.2　配置寄存器说明

如图 6.25 所示，Nios Ⅱ 处理器可以通过 Avalon-MM 总线访问该组件的数据寄存器和控制寄存器，实现 TLC549 芯片 A/D 采样值的读取。

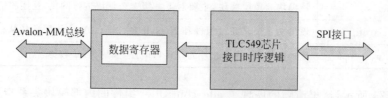

图 6.25   adc_controller 组件寄存器视图

adc_controller 组件的寄存器均为 32 位，详细定义如表 6.6 所示。

表 6.6   adc_controller 组件寄存器定义

寄 存 器	地 址	功 能 描 述
数据寄存器	0	ADC 芯片读取到的当前 ADC 值

adc_controller 组件内部定时产生 ADC 采集时序,读取最新的 ADC 值。因此,Nios Ⅱ 处理器若想获得最新的 ADC 采样值,只需读取该组件的数据寄存器即可。

6.2.3   组件创建与配置

在 Library 面板上,选择 Project→New Component,打开自定义组件配置页面。

在首先弹出的 Component Type 页面中,按如图 6.26 所示进行配置。

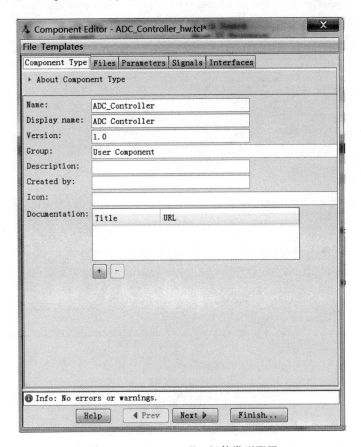

图 6.26   adc_controller 组件类型配置

- Name 是组件名称,即添加该组件后在 Qsys 中的名称,这里输入 ADC_Controller。
- Display name 是该组件在 Library 面板显示的名称,这里输入 ADC Controller。
- Version 是版本号,这里输入 1.0。
- Group 是在 Library 面板中的分类,这里输入 User Compoent。
- Description 是组件描述,这里忽略不填写。

- Created by 是组件创建者署名,这里忽略不填写。
- Icon 是组件图标,这里忽略不填写。
- Documentation 是组件文档链接,这里也不添加。

如图 6.27 所示,在 Files 页面中,首先单击"＋"按钮,将这个组件的 3 个工程源码模块都添加进来,接着单击 Analyze Synthesis Files 对这 3 个模块进行综合编译,最后在 Top-level Module 后面选择 adc_controller。

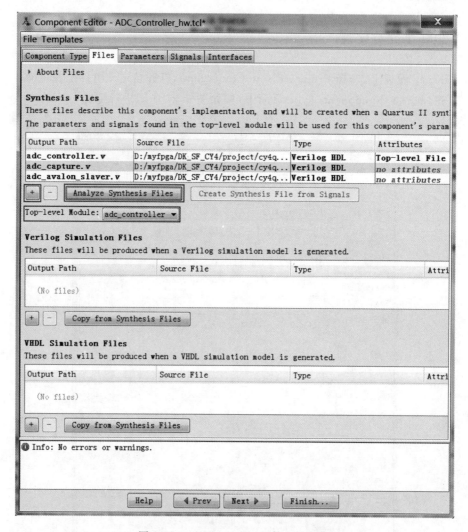

图 6.27　adc_controller 组件文件配置

如图 6.28 所示,在 Parameters 页面中,这里可以设置组件源码中定义的参数是否在用户加载组件时可配置,由于这里的 ADDR_SIZE 是固定值,不允许用户配置,所以不勾选 Editable 一列。

在 Signals 页面中,如图 6.29 所示,顶层源码模块的所有信号都出现在这里了。

- avalon_slave_0 是 Avalon-MM 总线的信号接口,Signals Type 中要指定各个信号对应的类型。

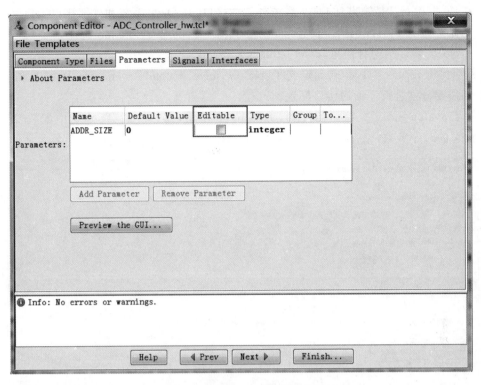

图 6.28　adc_controller 组件参数配置

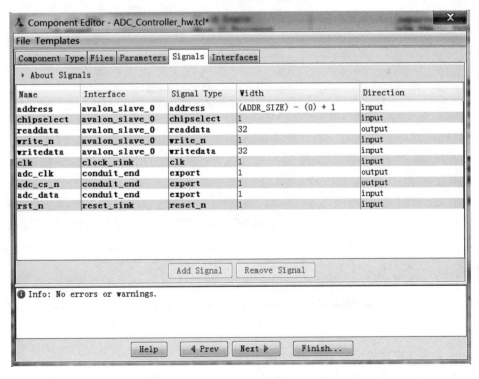

图 6.29　adc_controller 组件信号配置

- conduit_end 是输出到 Qsys 系统外部的接口,是 Qsys 系统和外部接口的信号,通常是连接到 FPGA 引脚上的信号,它的 Signal Type 固定为 export。
- clock_sink 为时钟信号,reset_sink 为复位信号。

最后是 Interfaces 页面,前面定义了 avalon_slave_0、conduit_end、clock_sink 和 reset_sink,都需要分别进行详细的接口配置。

对于 avalon_slave_0 接口的配置,如图 6.30 所示,尤其注意 Timing 中配置 Avalon-MM 读写的时序参数,相应配置在 Read Waveforms 和 Write Waveforms 中会示意出来。

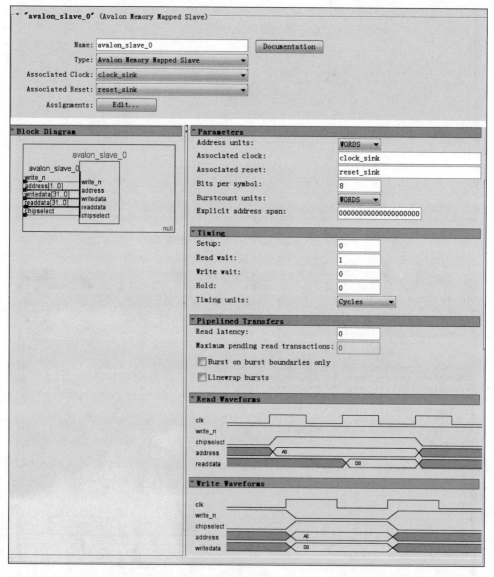

图 6.30　adc_controller 组件 avalon_slave_0 接口配置

conduit_end 接口的配置如图 6.31 所示。

clock_sink 接口的配置如图 6.32 所示,它的时钟频率(Clock rate)为 50MHz。

reset_sink 接口的配置如图 6.33 所示。

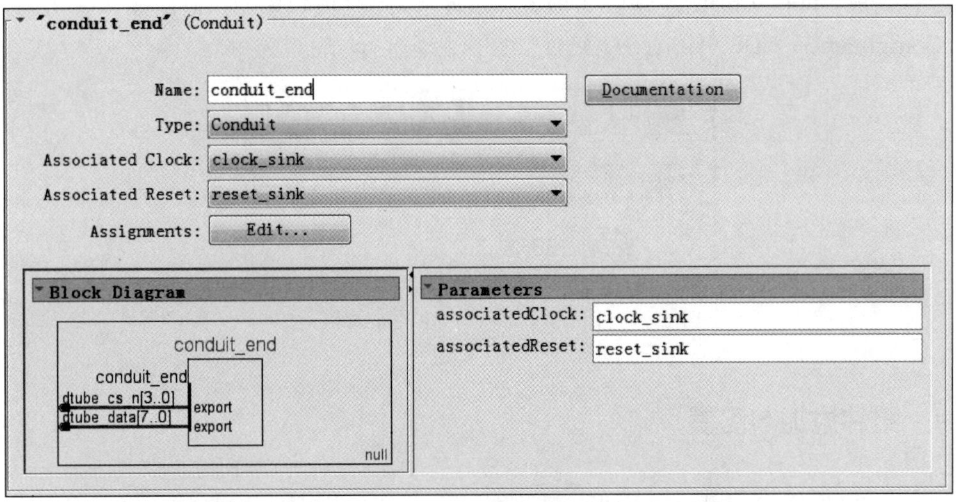

图 6.31　adc_controller 组件 conduit_end 接口配置

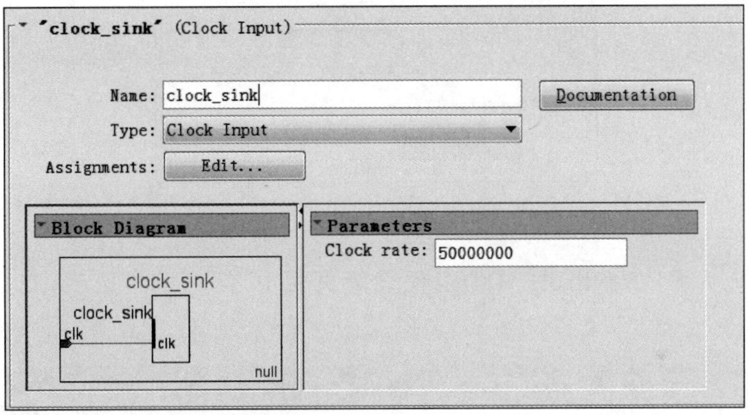

图 6.32　adc_controller 组件 clock_sink 接口配置

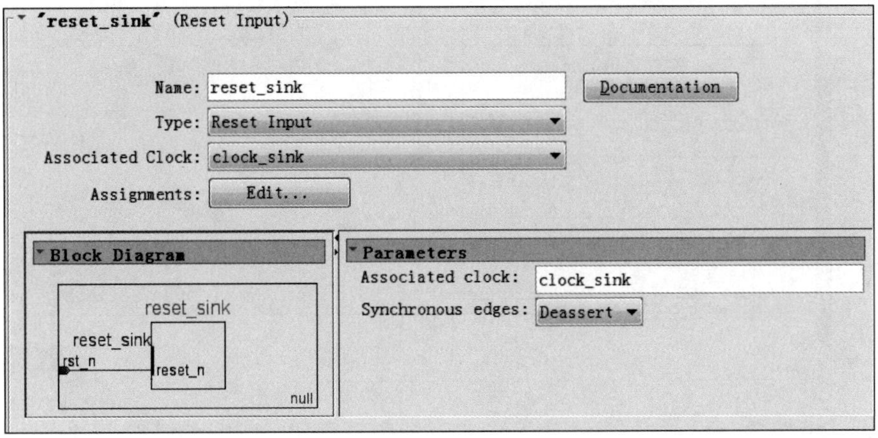

图 6.33　adc_controller 组件 reset_sink 接口配置

配置完成,单击 Finish 按钮。如图 6.34 所示,此时可以看到 Library 下多出了一个 User Component→ADC Controller 组件。

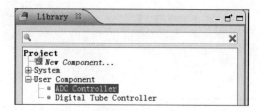

图 6.34　Library 面板的 adc_controller 组件

6.2.4　组件添加与配置

如图 6.35 所示,在 Library 面板中,选择 Library→User Component→ADC Controller, 双击即可添加该组件。

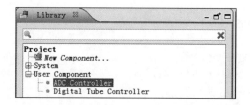

图 6.35　Library 面板添加 adc_controller 组件

如图 6.36 所示,在弹出的 ADC 组件设置页面中,无可配置选项,直接单击 Finish 按钮。

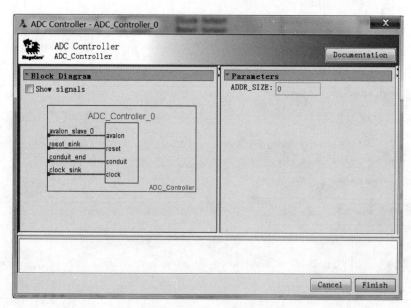

图 6.36　adc_controller 组件配置页面

如图 6.37 所示,修改刚刚添加的组件名称为 ADC_Controller。

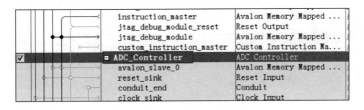

图 6.37　adc_controller 组件重命名

6.2.5　组件互连与引出

如图 6.38 所示,在 Connections 一列中,需要将 ADC 组件的时钟、复位信号分别连接到 Clock 组件的相应信号上(图 6.38 所示方框内的左边两个实心点)。此外,因为 Nios Ⅱ 处理器要能够访问到这个 ADC 组件,必须把 Nios Ⅱ 的数据总线(data_master)连接到 ADC 组件(即 avalon_slave_0)上,即图 6.38 所示方框内的最右边一个实心点。

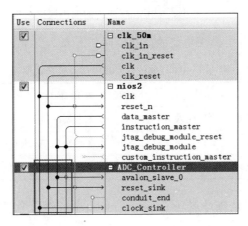

图 6.38　adc_controller 组件与 Nios Ⅱ 处理器互连

ADC 驱动的信号接口要引出到 Qsys 系统的外部,最终要连接到 FPGA 的引脚上,双击 ADC 外设 external_connection 一行的 Double-click to 处即可。

6.3　DAC 组件

6.3.1　功能概述

dac_controller 组件通过 Avalon-MM 总线从机接口实现 Nios Ⅱ 处理器与 DAC 芯片 DAC5571 之间的数据传输。该组件产生 DAC5571 芯片读写访问的 IIC 总线接口所需的时序,在 Avalon-MM 总线可访问的数据寄存器值发生变化时,执行 DAC5571 芯片 DAC 转换数据的写入。

如图 6.39 所示,在实例工程所在路径"…/cy4qsys/source_code/dac_controller"下,3 个 *.v 代码是 DAC 组件的 Verilog 工程源码。

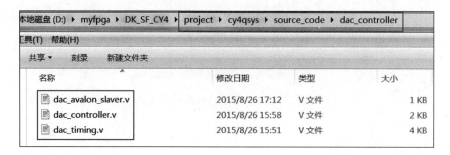

图 6.39 dac_controller 组件源码存放路径

这 3 个源码的层次关系如图 6.40 所示。

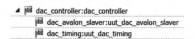

图 6.40 dac_controller 组件的源码层次结构

dac_controller 组件各个模块功能的详细说明如表 6.7 所示。

表 6.7 dac_controller 组件源码模块说明

模 块 名 称	功 能 描 述
dac_controller.v	该模块为顶层模块,主要对下一级 2 个模块进行例化、互连和信号引出
dac_avalon_slaver.v	该模块主要是在该组件和 Nios Ⅱ 之间作为 Avalon-MM 的从机接口逻辑
dac_timing.v	该模块产生 DAC 芯片的写数据接口时序,将 DAC 值送到 DAC 芯片进行转换

如图 6.41 所示,这里清晰地展现了 dac_controller 组件的内部模块关系与互连接口。

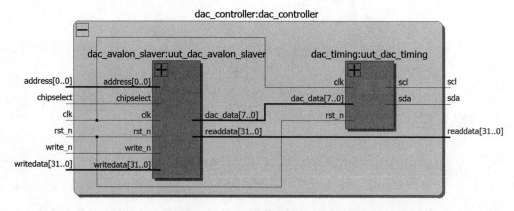

图 6.41 dac_controller 组件模块关系与互连接口

dac_controller 组件接口的详细定义如表 6.8 所示。接口定义中的方向均为相对于 FPGA 的信号方向。

表 6.8　dac_controller 组件接口定义

信 号 名 称	信 号 分 类	方 向	功 能 描 述
clk	Clock 接口	Input	时钟信号
rst_n	Clock 接口	Input	复位信号,低电平有效
chipselect	Avalon-MM 接口	Input	片选信号,高电平有效
write_n	Avalon-MM 接口	Input	写选通信号,低电平有效
address[0:0]	Avalon-MM 接口	Input	地址总线
writedata[31:0]	Avalon-MM 接口	Input	写数据总线
readdata[31:0]	Avalon-MM 接口	Output	读数据总线
scl	DAC 芯片接口	Output	DAC5571 芯片 IIC 总线时钟信号
sda	DAC 芯片接口	Inout	DAC5571 芯片 IIC 总线数据信号

6.3.2　配置寄存器说明

如图 6.42 所示,Nios Ⅱ 处理器可以通过 Avalon-MM 总线访问该组件的数据寄存器,实现 DAC 转换。

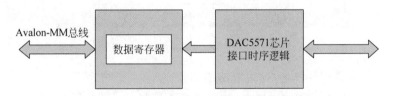

图 6.42　dac_controller 组件寄存器视图

dac_controller 组件的寄存器均为 32 位,详细定义如表 6.9 所示。

表 6.9　dac_controller 组件寄存器定义

寄 存 器	地 址	功 能 描 述
数据寄存器	0	DAC 芯片的转换值

dac_controller 组件内部实时判断当前已经写入 DAC 芯片的数据与 Nios Ⅱ 处理器写入到该组件的数据寄存器值是否一致,若发现不一致,则执行一次新的 DAC 转换数据写入到 DAC 芯片中。

6.3.3　组件创建与配置

在 Library 面板,选择 Project→New Component,打开自定义组件配置页面。

在首先弹出的 Component Type 页面中,按如图 6.43 所示进行配置。

- Name 是组件名称,即添加该组件后在 Qsys 中的名称,这里输入 DAC_Controller。
- Display name 是该组件在 Library 面板显示的名称,这里输入 DAC Controller。
- Version 是版本号,这里输入 1.0。
- Group 是在 Library 面板中的分类,这里输入 User Component。

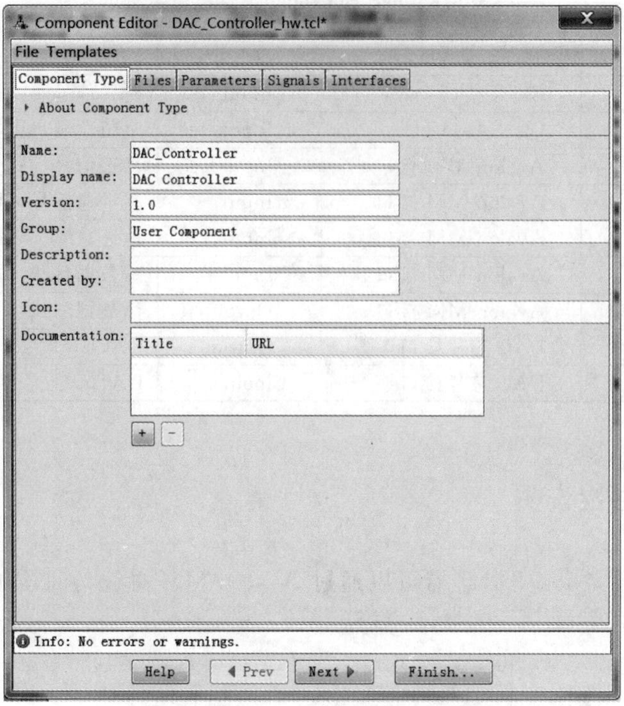

图 6.43   dac_controller 组件类型配置

- Description 是组件描述,这里忽略不填写。
- Created by 是组件创建者署名,这里忽略不填写。
- Icon 是组件图标,这里忽略不填写。
- Documentation 是组件文档链接,这里也不添加。

如图 6.44 所示,在 Files 页面中,首先单击"＋"按钮,将这个组件的 3 个工程源码模块都添加进来,接着单击 Analyze Synthesis Files 对这 3 个模块进行综合编译,最后在 Top-level Module 后面选择 dac_controller。

如图 6.45 所示,在 Parameters 页面中,可以设置组件源码中定义的参数是否在用户加载组件时可配置,由于这里的 ADDR_SIZE 是固定值,不允许用户配置,所以不勾选 Editable 一列。

在 Signals 页面中,如图 6.46 所示,顶层源码模块的所有信号都出现在这里了。

- avalon_slave_0 是 Avalon-MM 总线的信号接口,Signals Type 中要指定各个信号对应的类型。
- conduit_end 是输出到 Qsys 系统外部的接口,是 Qsys 系统和外部接口的信号,通常是连接到 FPGA 引脚上的信号,它的 Signal Type 固定为 export。
- clock_sink 为时钟信号,reset_sink 为复位信号。

最后是 Interfaces 页面,前面定义了 avalon_slave_0、conduit_end、clock_sink 和 reset_sink,都需要分别进行详细的接口配置。

对于 avalon_slave_0 接口的配置如图 6.47 所示,尤其注意 Timing 中配置 Avalon-MM 读写的时序参数,相应配置在 Read Waveforms 和 Write Waveforms 中会示意出来。

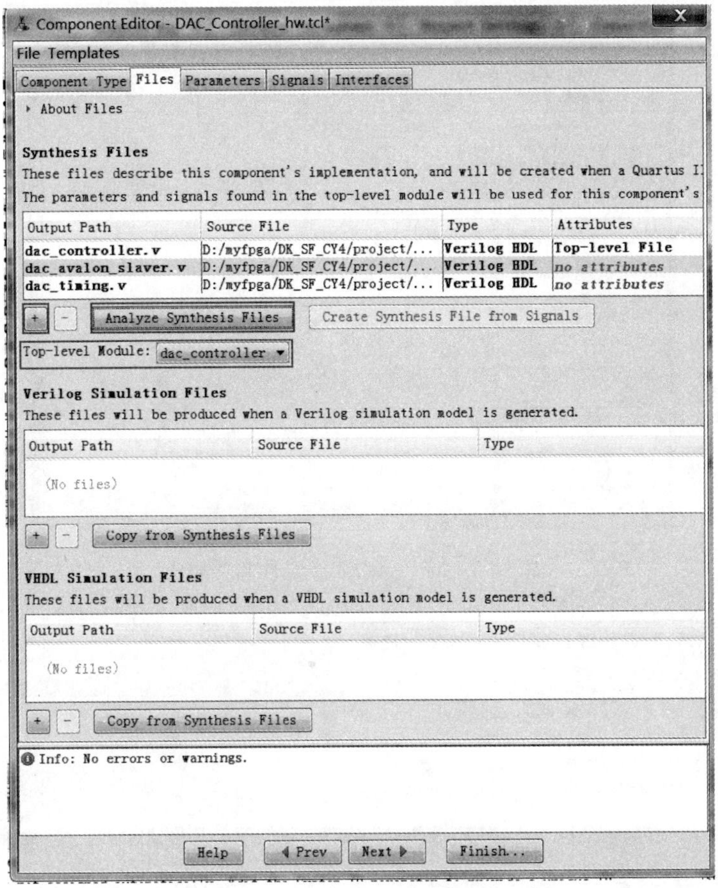

图 6.44　dac_controller 组件文件配置

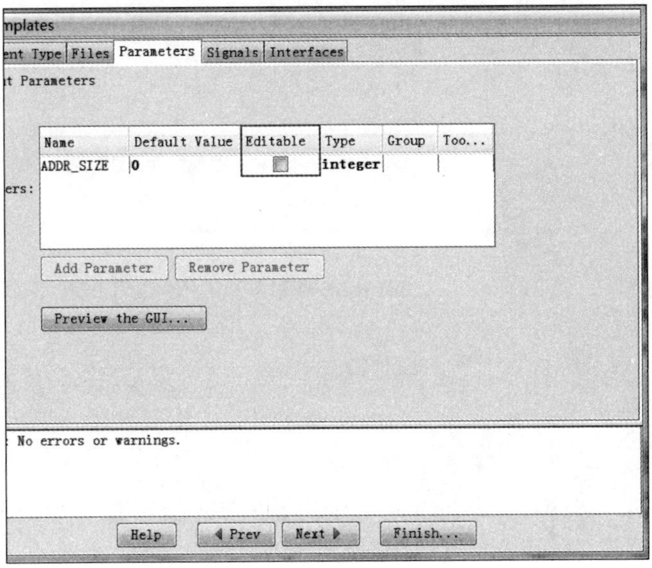

图 6.45　dac_controller 组件参数配置

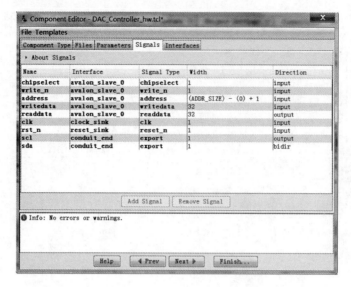

图 6.46　dac_controller 组件芯片配置

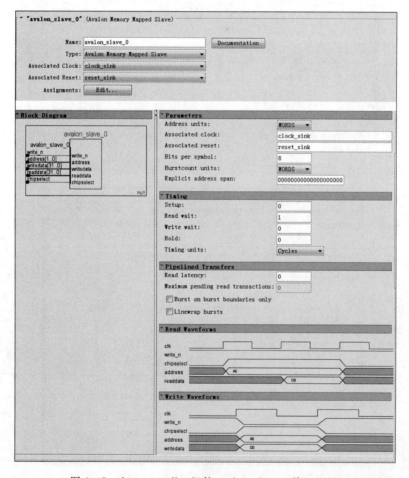

图 6.47　dac_controller 组件 avalon_slave_0 接口配置

conduit_end 接口的配置如图 6.48 所示。

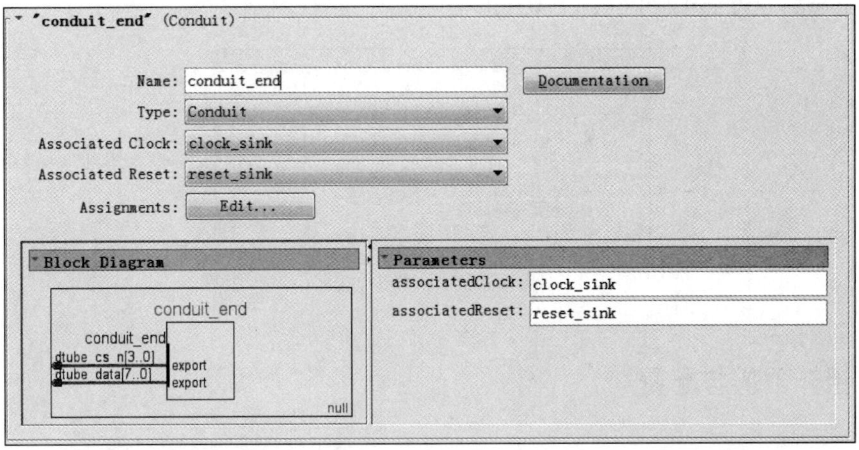

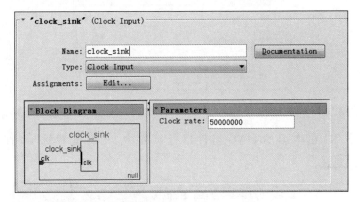

图 6.48　dac_controller 组件 conduit_end 接口配置

clock_sink 接口的配置如图 6.49 所示，它的时钟频率(Clock rate)为 50MHz。

图 6.49　dac_controller 组件 clock_sink 接口配置

reset_sink 接口的配置如图 6.50 所示。

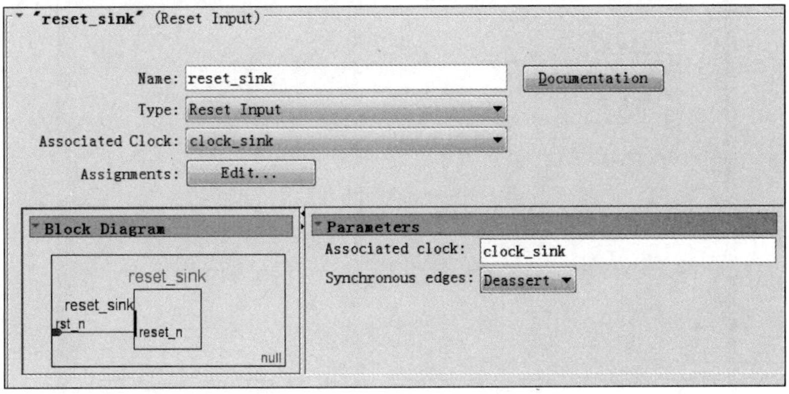

图 6.50　dac_controller 组件 reset_sink 接口配置

配置完成,单击 Finish 按钮。如图 6.51 所示,此时可以看到 Library 下多出了一个 User Component→Digital Tube Controller 组件。

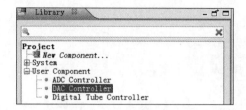

图 6.51　Library 面板新增 dac_controller 组件

6.3.4　组件添加与配置

如图 6.52 所示,在 Library 面板中,选择 Library→User Component→DAC Controller, 双击即可添加该组件。

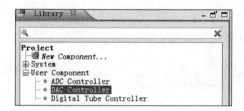

图 6.52　Library 面板添加 dac_controller 组件

如图 6.53 所示,在弹出的 DAC 组件设置页面中,无可配置选项,直接单击 Finish 按钮。

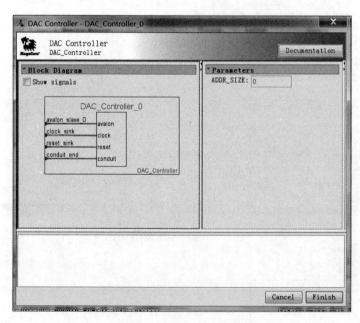

图 6.53　dac_controller 组件配置页面

如图 6.54 所示,修改刚刚添加的组件的名称为 DAC_Controller。

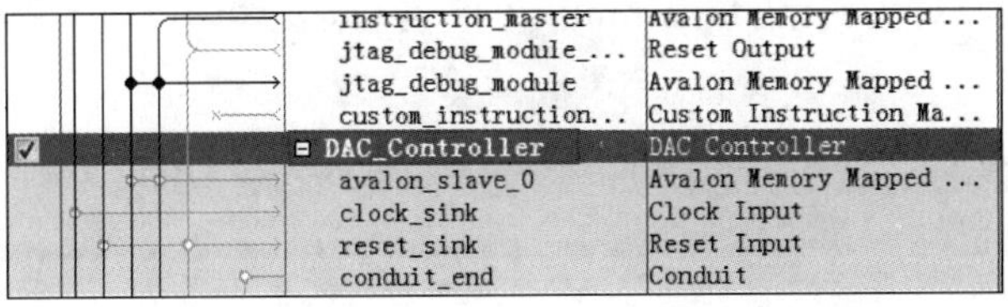

图 6.54　DAC_Controller 组件重命名

6.3.5　组件互连与引出

如图 6.55 所示,在 Connections 一列中,需要将 DAC 组件的时钟、复位信号分别连接到 Clock 组件的相应信号上(图 6.55 所示方框内的左边两个实心点)。此外,因为 Nios Ⅱ处理器要能够访问到这个 DAC 组件,必须把 Nios Ⅱ的数据总线(data_master)连接到 DAC组件(即 avalon_slave_0)上,即图 6.55 所示方框内的最右边一个实心点。

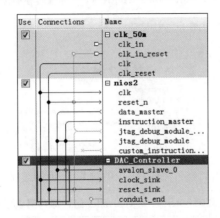

图 6.55　dac_controller 组件与 Nios Ⅱ处理器互连

DAC 驱动的信号接口需要引出到 Qsys 系统的外部,最终要连接到 FPGA 的引脚上,双击 DAC 外设 external_connection 一行的 Double-click to 处即可。

6.4　超声波测距组件

6.4.1　功能概述

ultrasound_controller 组件通过 Avalon-MM 总线从机接口实现 Nios Ⅱ处理器对超声波模块获取的最新距离数据信息的采集。该组件定时产生超声波测距模块所需的触发脉冲信号,回采反馈脉冲,并且对反馈脉冲进行中值滤波和距离值换算,最终获得以毫米为单位的距离信息。该距离信息存储到 Avalon-MM 总线可访问的数据寄存器中,供 Nios Ⅱ处理器读取。

如图 6.56 所示，在实例工程所在路径“…/cy4qsys/source_code/ultrasound_controller”下，6 个 *.v 代码和 1 个 mult 文件夹（乘法器 IP 核）是超声波测距组件的 Verilog 工程源码。

名称	修改日期	类型	大小
mult	2015/10/31 9:35	文件夹	
clkdiv_generation.v	2015/10/29 9:54	V 文件	2 KB
distance_compute.v	2015/8/26 16:36	V 文件	2 KB
filter.v	2015/6/20 16:38	V 文件	3 KB
ultrasound_avalon_slaver.v	2015/9/6 14:22	V 文件	1 KB
ultrasound_capture.v	2015/8/26 16:12	V 文件	3 KB
ultrasound_controller.v	2015/8/26 16:57	V 文件	4 KB

图 6.56　ultrasound_controller 组件源码存放路径

这 7 个源码的层次关系如图 6.57 所示。

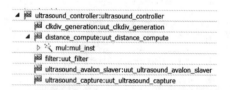

图 6.57　ultrasound_controller 组件的源码层次结构

ultrasound_controller 组件各个模块功能的详细说明如表 6.10 所示。

表 6.10　ultrasound_controller 组件源码模块说明

模 块 名 称	功 能 描 述
ultrasound_controller.v	该模块为顶层模块，主要对下一级 5 个模块进行例化、互连和信号引出
ultrasound_avalon_slaver.v	该模块主要是在该组件和 Nios Ⅱ 之间作为 Avalon-MM 的从机接口逻辑
clkdiv_generation.v	该模块对系统时钟进行分频，产生 100kHz 的分频时钟使能信号
ultrasound_capture.v	该模块产生超声波测距模块所需的脉冲信号，并且采集返回脉冲的脉宽数据
filter.v	该模块对采集的超声波测距脉宽数据进行中值滤波处理
distance_compute.v	该模块对回采的超声波测距脉冲数据进行换算，获得实际的以毫米为单位的距离数值
mult	该模块为官方库自带的乘法器 IP 核，实现乘法运算功能

如图 6.58 所示，这里很清晰的展现了 ultrasound_controller 组件的内部模块关系与互连接口。

ultrasound_controller 组件接口的详细定义如表 6.11 所示。接口定义中的方向均为相对于 FPGA 的信号方向。

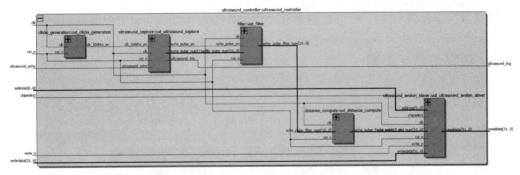

图 6.58　ultrasound_controller 组件模块关系与互连接口

表 6.11　ultrasound_controller 组件接口定义

信 号 名 称	信 号 分 类	方　向	功 能 描 述
clk	Clock 接口	Input	时钟信号
rst_n	Clock 接口	Input	复位信号,低电平有效
chipselect	Avalon-MM 接口	Input	片选信号,高电平有效
write_n	Avalon-MM 接口	Input	写选通信号,低电平有效
address[0:0]	Avalon-MM 接口	Input	地址总线
writedata[31:0]	Avalon-MM 接口	Input	写数据总线
readdata[31:0]	Avalon-MM 接口	Output	读数据总线
Ultrosound_echo	超声波测距接口	Input	超声波测距模块的回响信号,该信号脉宽和测得的距离呈线性正相关
Ultrasound_trig	超声波测距接口	Ouput	超声波测距模块的触发信号

6.4.2　配置寄存器说明

如图 6.59 所示,Nios Ⅱ处理器可以通过 Avalon-MM 总线访问该组件的数据寄存器,读取最新的超声波测距信息。

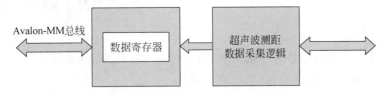

图 6.59　ultrasound_controller 组件寄存器视图

ultrasound_controller 组件的寄存器均为 32 位,详细定义如表 6.12 所示。

表 6.12　ultrasound_controller 组件寄存器定义

寄 存 器	地　址	功 能 描 述
数据寄存器	0	超声波测距模块侧得的实时距离信息

ultrasound_controller 组件内部定时发出脉冲,用于触发超声波测距模块工作,超声波测距模块返回回响脉冲,该组件对回响脉冲进行滤波和运算处理,获得当前实时的测距信息

并存储到数据寄存器中。Nios Ⅱ处理器通过读取数据寄存器值获得实时的测距信息。

6.4.3　组件创建与配置

在 Library 面板，选择 Project→New Component，由此打开自定义组件配置页面。
在首先弹出的 Component Type 页面中，按如图 6.60 所示进行配置。

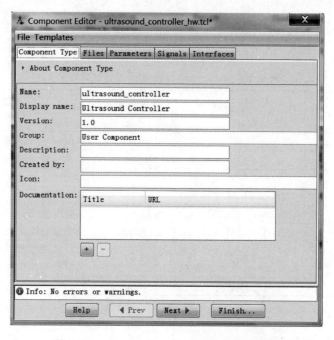

图 6.60　ultrasound_controller 组件类型配置

- Name 是组件名称，即添加该组件后在 Qsys 中的名称，这里输入 ultrasound_controller。
- Display name 是该组件在 Library 面板显示的名称，这里输入 Ultrasound Controller。
- Version 是版本号，这里输入 1.0。
- Group 是在 Library 面板中的分类，这里输入 User Component。
- Description 是组件描述，这里忽略不填写。
- Created by 是组件创建者署名，这里忽略不填写。
- Icon 是组件图标，这里忽略不填写。
- Documentation 是组件文档链接，这里也不添加。

如图 6.61 所示，在 Files 页面中，首先单击"＋"按钮，将这个组件的 3 个工程源码模块都添加进来（包括 mult 文件夹下的 mul.qip 文件），接着单击 Analyze Synthesis Files 对这 7 个模块进行综合编译，最后在 Top-level Module 后面选择 ultrasound_controller。

如图 6.62 所示，在 Parameters 页面中，可以设置组件源码中定义的参数是否在用户加载组件时可配置，由于这里的 ADDR_SIZE 是固定值，不允许用户配置，所以不勾选 Editable 一列。

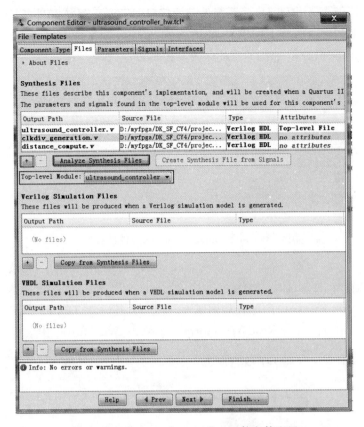

图 6.61　ultrasound_controller 组件文件配置

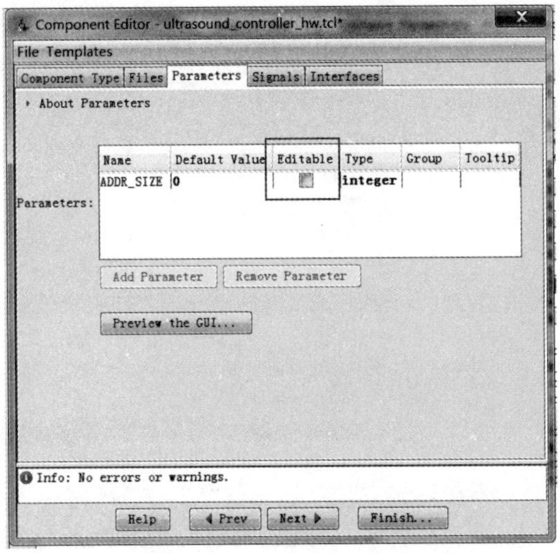

图 6.62　ultrasound_controller 组件参数配置

在 Signals 页面中,如图 6.63 所示,顶层源码模块的所有信号都出现在这里了。

- avalon_slave_0 是 Avalon-MM 总线的信号接口,Signals Type 中要指定各个信号对应的类型。

- conduit_end 是输出到 Qsys 系统外部的接口，是 Qsys 系统和外部接口的信号，通常是连接到 FPGA 引脚上的信号，它的 Signal Type 固定为 export。
- clock_sink 为时钟信号，reset_sink 为复位信号。

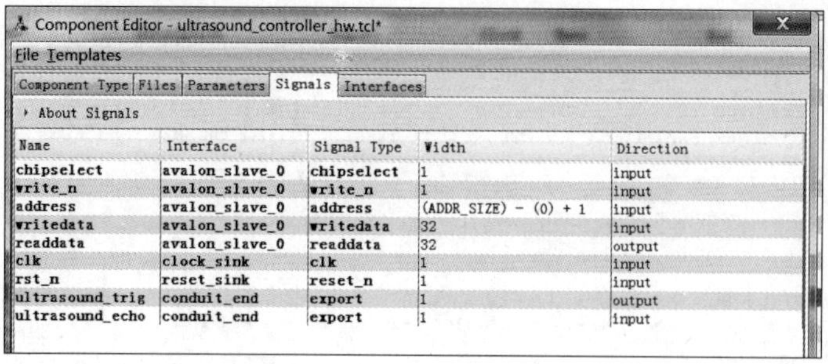

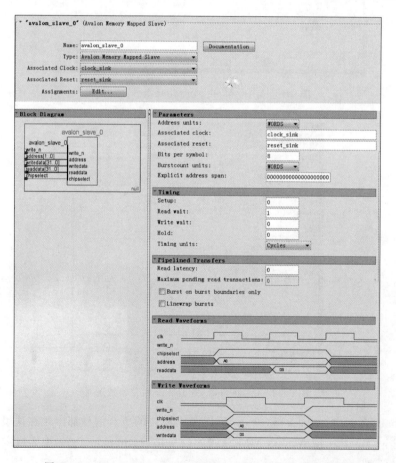

图 6.63　ultrasound_controller 组件信号配置

最后是 Interfaces 页面，前面定义了 avalon_slave_0、conduit_end、clock_sink 和 reset_sink，都需要分别进行详细的接口配置。

对于 avalon_slave_0 接口的配置如图 6.64 所示，尤其注意 Timing 中配置 Avalon-MM 读写的时序参数，相应配置在 Read Waveforms 和 Write Waveforms 中会示意出来。

图 6.64　ultrasound_controller 组件 avalon_slave_0 接口配置

conduit_end 接口的配置如图 6.65 所示。

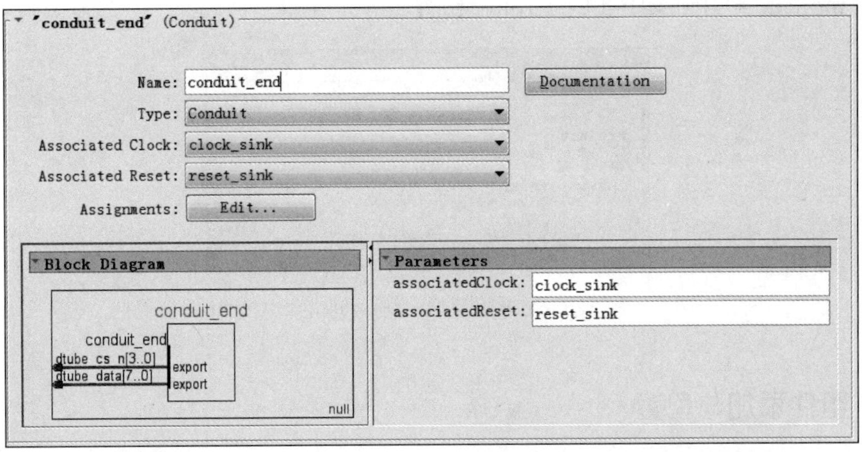

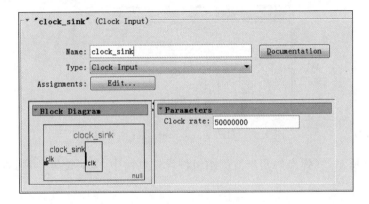

图 6.65 ultrasound_controller 组件 conduit_end 接口配置

clock_sink 接口的配置如图 6.66 所示,它的时钟频率(Clock rate)为 50MHz。

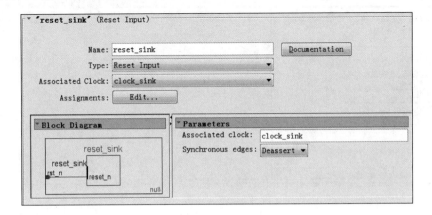

图 6.66 ultrasound_controller 组件 clock_sink 接口配置

reset_sink 接口的配置如图 6.67 所示。

图 6.67 ultrasound_controller 组件 clock_sink 接口配置

配置完成,单击 Finish 按钮。如图 6.68 所示,此时可以看到 Library 下多出了一个 User Component→Ultrasound Controller 组件。

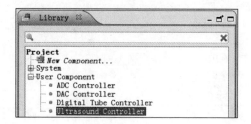

图 6.68　Library 面板新增 ultrasound_controller 组件

6.4.4　组件添加与配置

如图 6.69 所示,在 Library 面板中,选择 Library → User Component → Ultrasound Controller,双击即可添加该组件。

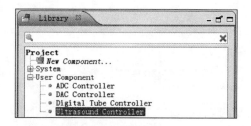

图 6.69　ultrasound_controller 组件添加

如图 6.70 所示,在弹出的超声波测距组件设置页面中,无可配置选项,直接单击 Finish 按钮。

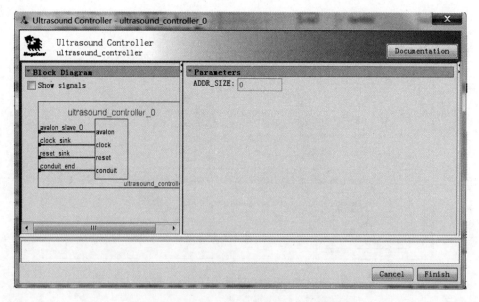

图 6.70　ultrasound_controller 组件配置页面

如图 6.71 所示,修改刚刚添加的组件的名称为 ultrasound_controller。

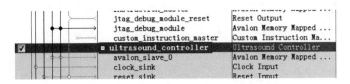

图 6.71　ultrasound_controller 组件重命名

6.4.5　组件互连与引出

如图 6.72 所示,在 Connections 一列中,需要将超声波测距组件的时钟、复位信号分别连接到 Clock 组件的相应信号上(图 6.72 所示方框内的左边两个实心点)。此外,因为 Nios Ⅱ 处理器要能够访问到这个超声波测距组件,必须把 Nios Ⅱ 的数据总线(data_master)连接到超声波测距组件(即 avalon_slave_0)上,即图 6.72 所示方框内的最右边一个实心点。

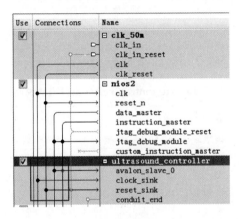

图 6.72　ultrasound_controller 组件与 Nios Ⅱ 处理器互连

超声波测距驱动的信号接口需要引出到 Qsys 系统的外部,最终要连接到 FPGA 的引脚上,双击超声波测距外设 external_connection 一行的 Double-click to 处即可。

6.5　RTC 组件

6.5.1　功能概述

rtc_controller 组件通过 Avalon-MM 总线从机接口实现 Nios Ⅱ 处理器对 RTC 芯片 PCF8563T 的时间和日期数据进行读写操作。该组件定时读取最新的 RTC 数据,存储到 Avalon-MM 总线可访问的数据寄存器中,Nios Ⅱ 处理器随时可以读取最新的 RTC 数据,也可以写入修改的数据更新到 RTC 芯片中。

如图 6.73 所示,在实例工程所在路径"…/cy4qsys/source_code/rtc_controller"下,5 个 *.v 代码是 RTC 组件的 Verilog 工程源码。

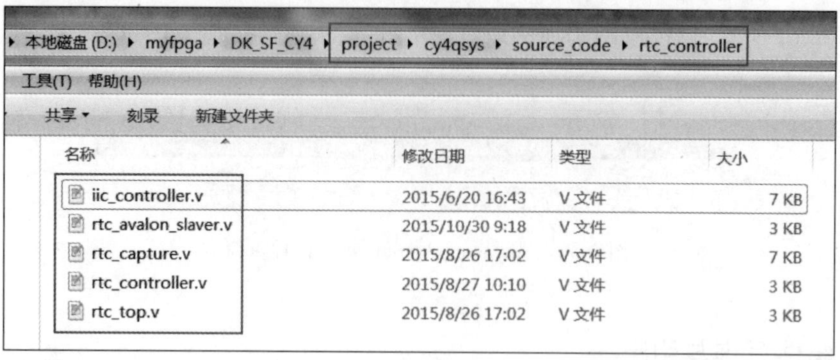

本地磁盘 (D:) ▸ myfpga ▸ DK_SF_CY4 ▸ project ▸ cy4qsys ▸ source_code ▸ rtc_controller

工具(T)　帮助(H)

共享▾　　刻录　　新建文件夹

名称	修改日期	类型	大小
iic_controller.v	2015/6/20 16:43	V 文件	7 KB
rtc_avalon_slaver.v	2015/10/30 9:18	V 文件	3 KB
rtc_capture.v	2015/8/26 17:02	V 文件	7 KB
rtc_controller.v	2015/8/27 10:10	V 文件	3 KB
rtc_top.v	2015/8/26 17:02	V 文件	3 KB

图 6.73　rtc_controller 组件源码存放路径

这 5 个源码的层次关系如图 6.74 所示。

图 6.74　rtc_controller 组件的源码层次结构

rtc_controller 组件各个模块功能的详细说明如表 6.13 所示。

表 6.13　rtc_controller 组件源码模块说明

模 块 名 称	功 能 描 述
rtc_controller. v	该模块为顶层模块，主要对下一级 2 个模块进行例化、互连和信号引出
rtc_avalon_slaver. v	该模块主要是在该组件和 Nios Ⅱ之间作为 Avalon-MM 的从机接口逻辑
rtc_top. v	该模块下面例化 2 个子模块，实现 RTC 芯片的读写控制
iic_controller. v	该模块是 IIC 读写时序逻辑，实现 RTC 芯片的底层驱动
rtc_capture. v	该模块是 RTC 芯片的时间寄存器访问控制逻辑

如图 6.75 所示，这里清晰地展现了 rtc_controller 组件的内部模块关系与互连接口。

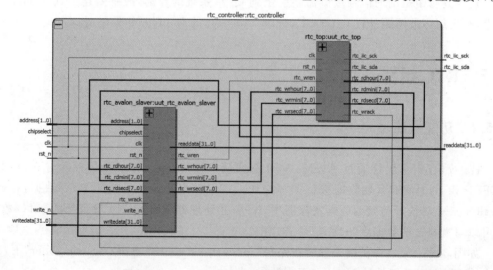

图 6.75　rtc_controller 组件模块关系与互连接口

rtc_controller 组件接口的详细定义如表 6.14 所示。接口定义中的方向均为相对于
FPGA 的信号方向。

表 6.14 rtc_controller 组件接口定义

信 号 名 称	信 号 分 类	方　　向	功 能 描 述
clk	Clock 接口	Input	时钟信号
rst_n	Clock 接口	Input	复位信号,低电平有效
chipselect	Avalon-MM 接口	Input	片选信号,高电平有效
write_n	Avalon-MM 接口	Input	写选通信号,低电平有效
address[1:0]	Avalon-MM 接口	Input	地址总线
writedata[31:0]	Avalon-MM 接口	Input	写数据总线
readdata[31:0]	Avalon-MM 接口	Output	读数据总线
rtc_iic_sck	RTC 芯片接口	Output	PCF8563T 芯片 IIC 总线时钟信号
rtc_iic_sda	RTC 芯片接口	Inout	PCF8563T 芯片 IIC 总线数据信号

6.5.2 配置寄存器说明

如图 6.76 所示,Nios Ⅱ 处理器可以通过 Avalon-MM 总线访问该组件的数据寄存器,
实现 RTC 芯片时、分、秒数据的读取和写入更新。

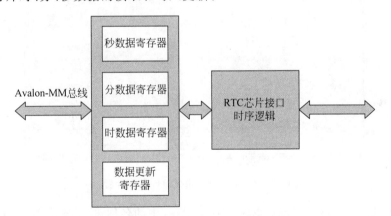

图 6.76 rtc_controller 组件寄存器视图

rtc_controller 组件的寄存器均为 32 位,详细定义如表 6.15 所示。

表 6.15 rtc_controller 组件寄存器定义

寄 存 器	地　　址	功 能 描 述
秒寄存器	0	秒寄存器,可读可写
分寄存器	1	分寄存器,可读可写
时寄存器	2	时寄存器,可读可写
数据更新寄存器	3	该寄存器写任意值,更新写入 RTC 芯片的时、分、秒数据

rtc_controller 组件内部定时读取 RTC 芯片的秒、分、时数据,Nios Ⅱ 处理器任意时刻
读取到的数据寄存器值均为最新值。若 Nios Ⅱ 处理器希望更新当前 RTC 芯片的秒、分、时

信息,则先依次写入数据到秒、分、时寄存器,然后写入任意数据到数据更新寄存器,即可实现 RTC 芯片数据的更新。

6.5.3　组件创建与配置

在 Library 面板中,选择 Project→New Component,打开自定义组件配置页面。
在首先弹出的 Component Type 页面中,按如图 6.77 所示进行配置。

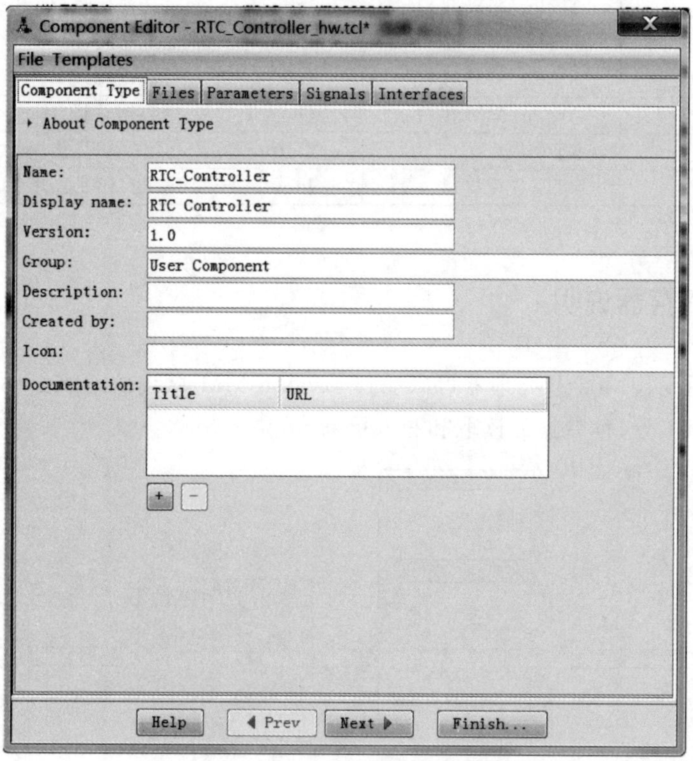

图 6.77　rtc_controller 组件类型配置

- Name 是组件名称,即添加该组件后在 Qsys 中的名称,这里输入 RTC_Controller。
- Display name 是该组件在 Library 面板显示的名称,这里输入 RTC Controller。
- Version 是版本号,这里输入 1.0。
- Group 是在 Library 面板中的分类,这里输入 User Component。
- Description 是组件描述,这里忽略不填写。
- Created by 是组件创建者署名,这里忽略不填写。
- Icon 是组件图标,这里忽略不填写。
- Documentation 是组件文档链接,这里也不添加。

如图 6.78 所示,在 Files 页面中,首先单击"＋"按钮,将这个组件的 5 个工程源码模块都添加进来,接着单击 Analyze Synthesis Files 对这 3 个模块进行综合编译,最后在 Top-level Module 后面选择 rtc_controller。

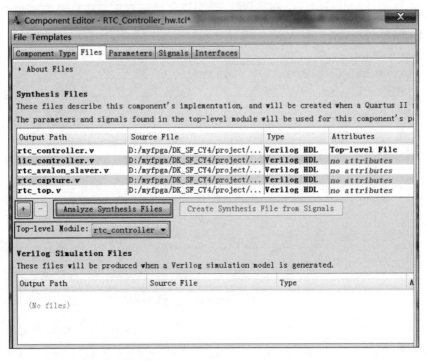

图 6.78　rtc_controller 组件文件配置

如图 6.79 所示,在 Parameters 页面中,可以设置组件源码中定义的参数是否在用户加载组件时可配置,由于这里的 ADDR_SIZE 是固定值,不允许用户配置,所以不勾选 Editable 一列。

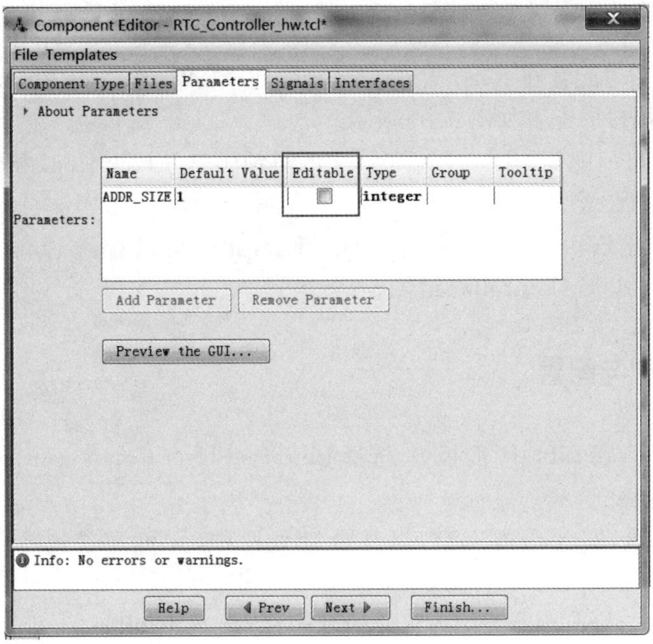

图 6.79　rtc_controller 组件参数配置

在 Signals 页面中，如图 6.80 所示，顶层源码模块的所有信号都出现在这里了。

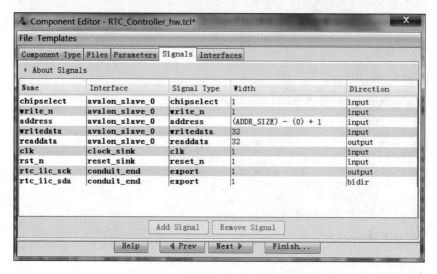

图 6.80　rtc_controller 组件信号配置

- avalon_slave_0 是 Avalon-MM 总线的信号接口，Signals Type 中要指定各个信号对应的类型。
- conduit_end 是输出到 Qsys 系统外部的接口，是 Qsys 系统和外部接口的信号，通常是连接到 FPGA 引脚上的信号，它的 Signal Type 固定为 export。
- clock_sink 为时钟信号，reset_sink 为复位信号。

最后是 Interfaces 页面，前面定义了 avalon_slave_0、conduit_end、clock_sink 和 reset_sink，都需要分别进行详细的接口配置。

对于 avalon_slave_0 接口的配置如图 6.81 所示，尤其注意 Timing 中配置 Avalon-MM 读写的时序参数，相应配置在 Read Waveforms 和 Write Waveforms 中会示意出来。

conduit_end 接口的配置如图 6.82 所示。

clock_sink 接口的配置如图 6.83 所示，它的时钟频率（Clock rate）为 50MHz。

reset_sink 接口的配置如图 6.84 所示。

配置完成，单击 Finish 按钮。如图 6.85 所示，此时可以看到 Library 下多出了一个 User Component→RTC Controller 组件。

6.5.4　组件添加与配置

如图 6.86 所示，在 Library 面板中，选择 Library→User Component→RTC Controller，双击即可添加该组件。

如图 6.87 所示，在弹出的 RTC 组件设置页面中，无可配置选项，直接单击 Finish 按钮。

如图 6.88 所示，修改刚刚添加的组件的名称为 rtc_controller。

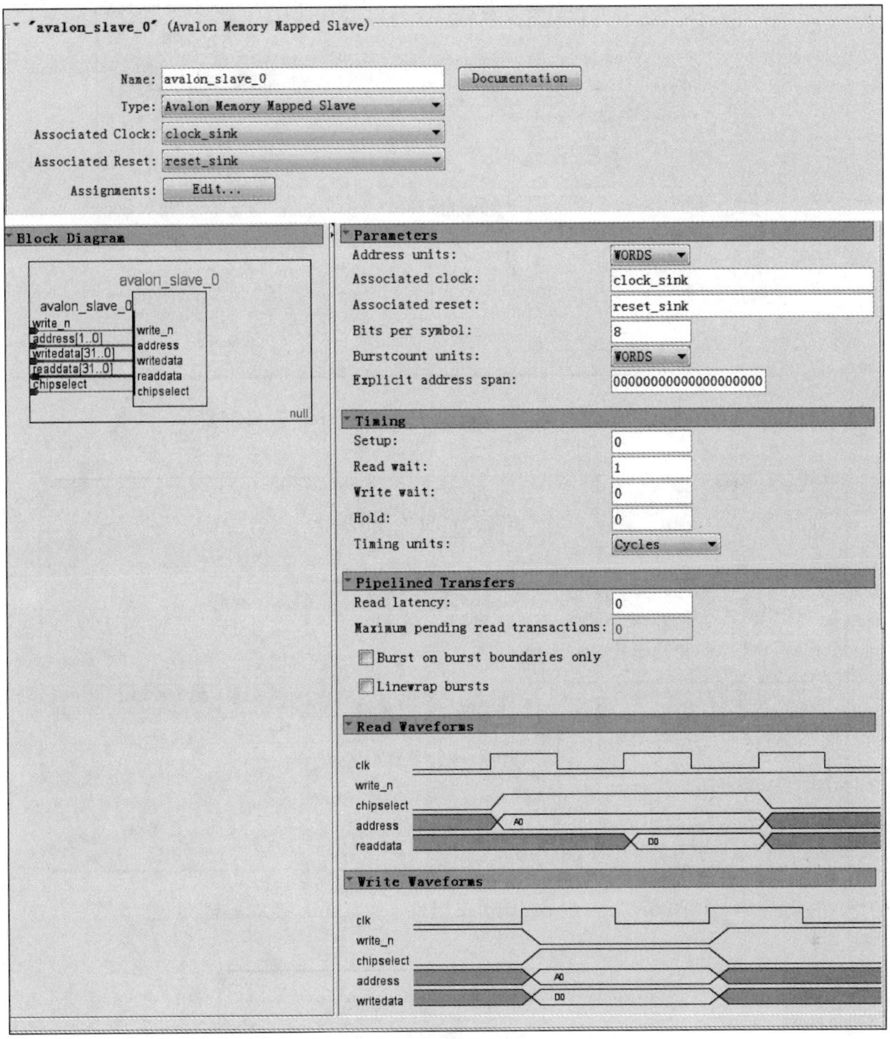

图 6.81　rtc_controller 组件 avalon_slave_0 接口配置

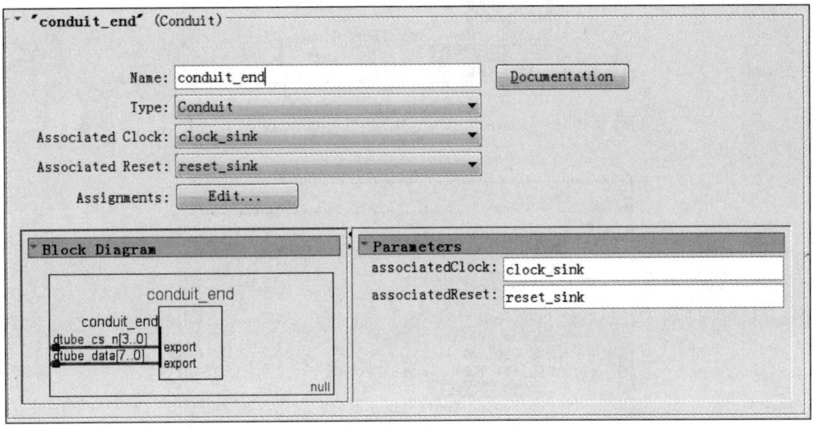

图 6.82　rtc_controller 组件 conduit_end 接口配置

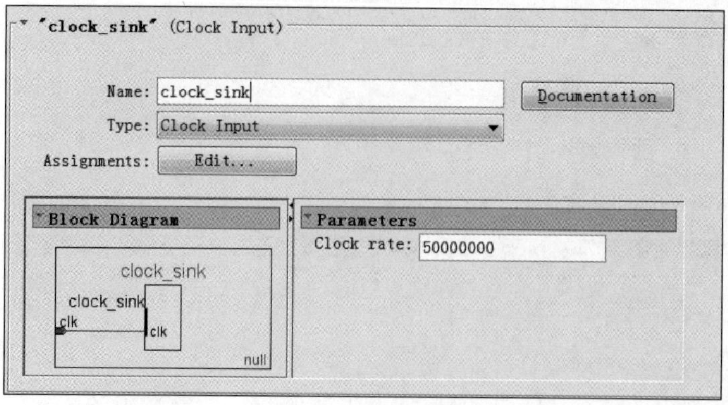

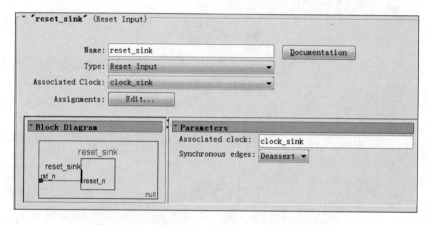

图 6.83　rtc_controller 组件 clock_sink 接口配置

图 6.83　rtc_controller 组件 reset_sink 接口配置

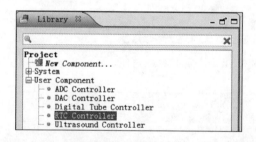

图 6.85　Library 面板新增 rtc_controller 组件

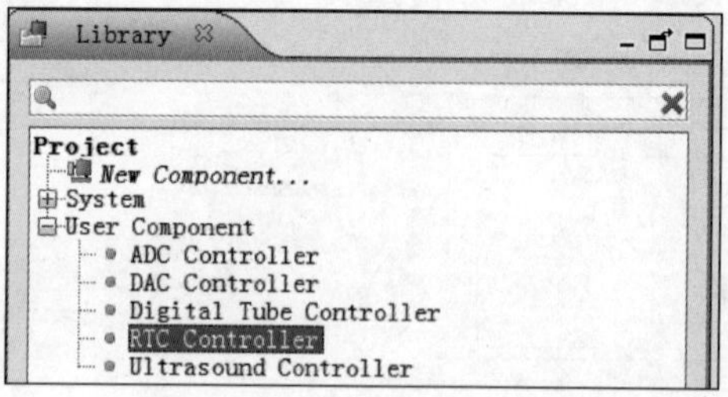

图 6.86　rtc_controller 组件添加

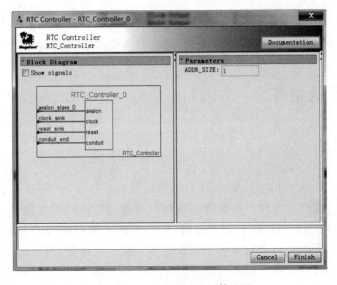

图 6.87　rtc_controller 组件配置

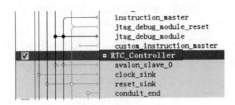

图 6.88　rtc_controller 组件重命名

6.5.5　组件互连与引出

如图 6.89 所示,在 Connections 一列中,需要将 RTC 组件的时钟、复位信号分别连接到 Clock 组件的相应信号上(图 6.89 所示方框内的左边两个实心点)。此外,因为 Nios Ⅱ 处理器要能够访问到这个 RTC 组件,必须把 Nios Ⅱ 的数据总线(data_master)连接到 RTC 组件(即 avalon_slave_0)上,即 6.89 所示方框内的最右边一个实心点。

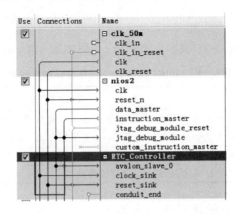

图 6.89　rtc_controller 组件与 Nios Ⅱ 处理器互连

　　RTC 驱动的信号接口需要引出到 Qsys 系统的外部,最终要连接到 FPGA 的引脚上,双击 RTC 外设 external_connection 一行的 Double-click to 处即可。

6.6　矩阵按键组件

6.6.1　功能概述

　　button_controller 组件通过 Avalon-MM 总线从机接口实现 Nios Ⅱ 处理器对 4×4 矩阵按键值的采集。该组件定时产生矩阵按键扫描所需的各种电平变换,采集到按键扫描值存储到 Avalon-MM 总线可访问的数据寄存器中,并且产生可配置开关状态的中断信号给 Nios Ⅱ 处理器,Nios Ⅱ 处理器可通过中断状态实时读取按键值。

　　如图 6.90 所示,在实例工程所在路径“…/cy4qsys/source_code/button_controller”下,4 个 *.v 代码是矩阵按键组件的 Verilog 工程源码。

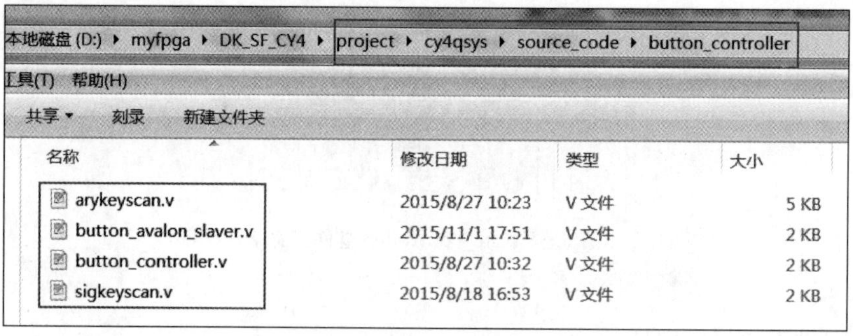

名称	修改日期	类型	大小
arykeyscan.v	2015/8/27 10:23	V 文件	5 KB
button_avalon_slaver.v	2015/11/1 17:51	V 文件	2 KB
button_controller.v	2015/8/27 10:32	V 文件	2 KB
sigkeyscan.v	2015/8/18 16:53	V 文件	2 KB

本地磁盘 (D:) ▶ myfpga ▶ DK_SF_CY4 ▶ project ▶ cy4qsys ▶ source_code ▶ button_controller

工具(T) 帮助(H)

共享 ▼　刻录　新建文件夹

图 6.90　button_controller 组件源码存放路径

　　这 4 个源码的层次关系如图 6.91 所示。

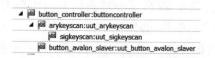

图 6.91　button_controller 组件的源码层次结构

button_controller 组件各个模块功能的详细说明如表 6.16 所示。

表 6.16　button_controller 组件源码模块说明

模 块 名 称	功 能 描 述
button_controller.v	该模块为顶层模块,主要对下一级 2 个模块进行例化、互连和信号引出
button_avalon_slaver.v	该模块主要是在该组件和 Nios Ⅱ 之间作为 Avalon-MM 的从机接口逻辑
anykeyscan.v	该模块产生矩阵按键的扫描时序,获取键值
sigkeyscan.v	该模块对单个按键进行消抖滤波处理

　　如图 6.92 所示,这里清晰地展现了 button_controller 组件的内部模块关系与互连接口。

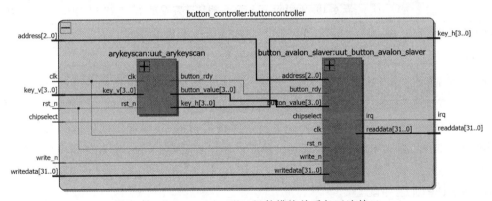

图 6.92 button_controller 组件模块关系与互连接口

button_controller 组件接口的详细定义如表 6.17 所示。接口定义中的方向均为相对于 FPGA 的信号方向。

表 6.17 button_controller 组件接口定义

信 号 名 称	信 号 分 类	方　向	功 能 描 述
clk	Clock 接口	Input	时钟信号
rst_n	Clock 接口	Input	复位信号,低电平有效
chipselect	Avalon-MM 接口	Input	片选信号,高电平有效
write_n	Avalon-MM 接口	Input	写选通信号,低电平有效
address[2:0]	Avalon-MM 接口	Input	地址总线
writedata[31:0]	Avalon-MM 接口	Input	写数据总线
readdata[31:0]	Avalon-MM 接口	Output	读数据总线
irq	中断接口	Output	高电平有效,用于指示 Nios II 处理器当前组件有中断产生
key_h[3:0]	按键接口	Output	4 个行按键输出,用于产生按键扫描时序
key_v[3:0]	按键接口	Input	4 个列按键输入,未按下为高电平,按下后为低电平

6.6.2 配置寄存器说明

如图 6.93 所示,Nios II 处理器可以通过 Avalon-MM 总线设置中断屏蔽寄存器开启,在按键触发产生中断时,通过读取该组件的数据寄存器获取键值。

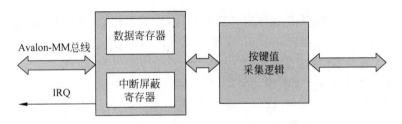

图 6.93 button_controller 组件寄存器视图

button_controller 组件的寄存器均为 32 位,详细定义如表 6.18 所示。

表 6.18　button_controller 组件寄存器定义

寄　存　器	地　址	功　能　描　述
数据寄存器	0	该寄存器存储当前触发的键值
中断屏蔽寄存器	1	用于设定有按键触发时是否产生中断信号到 Nios Ⅱ 处理器。1 为开中断,0 为关中断

button_controller 组件内部不停地进行矩阵按键扫描,获取触发的键值。若 Nios Ⅱ 处理器设定中断开启,则该组件在捕获到键值时产生中断,同时 Nios Ⅱ 处理器及时读取键值。

6.6.3　组件创建与配置

在 Library 面板中,选择 Project→New Component,打开自定义组件配置页面。

在首先弹出的 Component Type 页面中,按如图 6.94 所示进行配置。

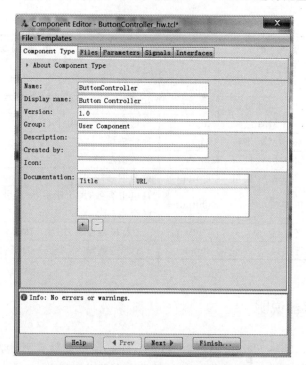

图 6.94　button_controller 组件类型配置

- Name 是组件名称,即添加该组件后在 Qsys 中的名称,这里输入 ButtonController。
- Display name 是该组件在 Library 面板显示的名称,这里输入 Button Controller。
- Version 是版本号,这里输入 1.0。
- Group 是在 Library 面板中的分类,这里输入 User Compnoent。
- Description 是组件描述,这里忽略不填写。
- Created by 是组件创建者署名,这里忽略不填写。
- Icon 是组件图标,这里忽略不填写。
- Documentation 是组件文档链接,这里也不添加。

如图 6.95 所示,在 Files 页面中,首先单击"＋"按钮,将这个组件的 4 个工程源码模块都添加进来,接着单击 Analyze Synthesis Files 对这 4 个模块进行综合编译,最后在 Top-level Module 后面选择 button_controller。

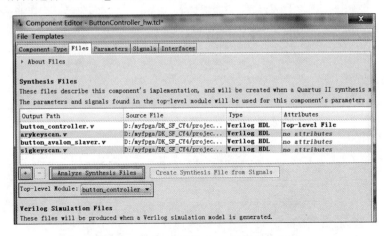

图 6.95　button_controller 组件文件配置

如图 6.96 所示,在 Parameters 页面中,可以设置组件源码中定义的参数是否在用户加载组件时可配置,由于这里的 ADDR_SIZE 是固定值,不允许用户配置,所以不勾选 Editable 一列。

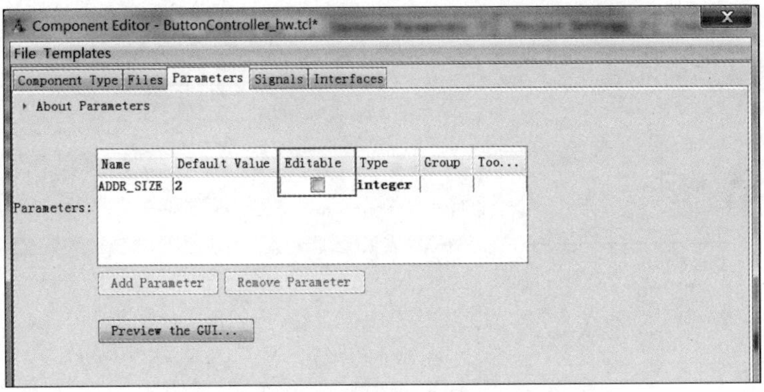

图 6.96　button_controller 组件参数配置

在 Signals 页面中,如图 6.97 所示,顶层源码模块的所有信号都出现在这里了。
- avalon_slave_0 是 Avalon-MM 总线的信号接口,Signals Type 中要指定各个信号对应的类型。
- conduit_end 是输出到 Qsys 系统外部的接口,是 Qsys 系统和外部接口的信号,通常是连接到 FPGA 引脚上的信号,它的 Signal Type 固定为 export。
- clock_sink 为时钟信号,reset_sink 为复位信号。

最后是 Interfaces 页面,前面定义了 avalon_slave_0、conduit_end、clock_sink 和 reset_sink,都需要分别进行详细的接口配置。

对于 avalon_slave_0 接口的配置如图 6.98 所示,尤其注意 Timing 中配置 Avalon-MM 读写的时序参数,相应配置在 Read Waveforms 和 Write Waveforms 中会示意出来。

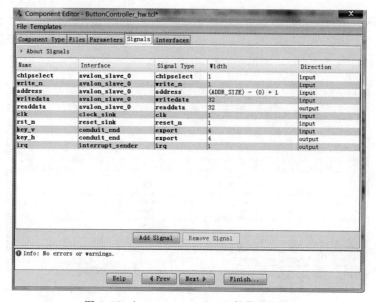

图 6.97　button_controller 组件信号配置

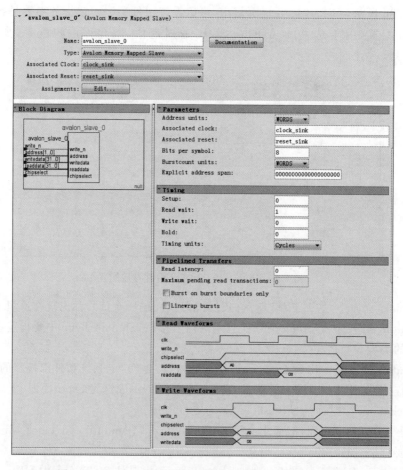

图 6.98　button_controller 组件 Avalon_slave_0 接口配置

conduit_end 接口的配置如图 6.99 所示。

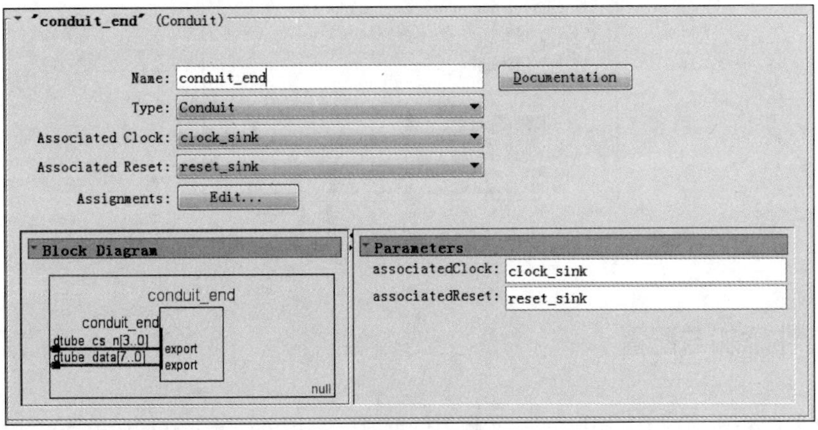

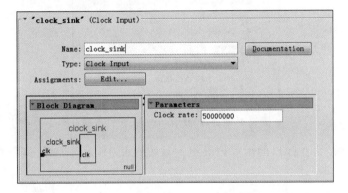

图 6.99　button_controller 组件 conduit_end 接口配置

clock_sink 接口的配置如图 6.100 所示，它的时钟频率(Clock rate)为 50MHz。

图 6.100　button_controller 组件 clock_sink 接口配置

reset_sink 接口的配置如图 6.101 所示。

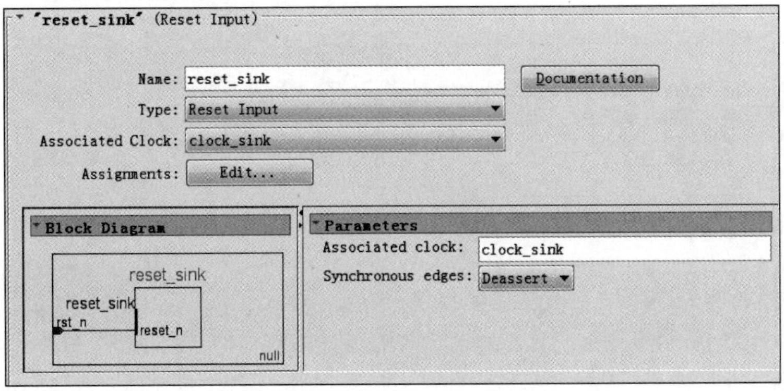

图 6.101　button_controller 组件 reset_sink 配置

配置完成，单击 Finish 按钮。如图 6.102 所示，此时可以看到 Library 下多出了一个 User Component→Button Controller 组件。

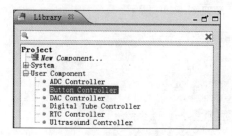

图 6.102　Library 面板新增 button_controller 组件

6.6.4　组件添加与配置

如图 6.103 所示，在 Library 面板中，选择 Library → User Component → Button Controller，双击即可添加该组件。

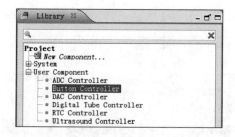

图 6.103　button_controller 组件添加

如图 6.104 所示，在弹出的矩阵按键组件设置页面中，无可配置选项，直接单击 Finish 按钮。

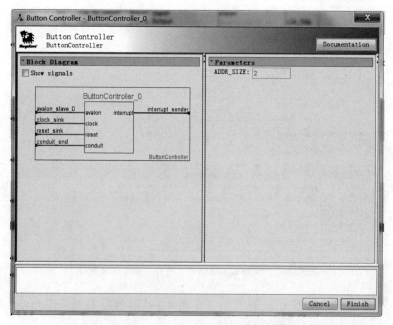

图 6.104　button_controller 组件配置

如图 6.105 所示,修改刚刚添加的组件的名称为 Button_controller。

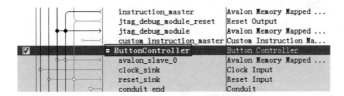

图 6.105　button_controller 组件重命名

6.6.5　组件互连与引出

如图 6.106 所示,在 Connections 一列中,需要将矩阵按键组件的时钟、复位信号分别连接到 Clock 组件的相应信号上(图 6.106 所示方框内的左边两个实心点)。此外,因为 Nios Ⅱ处理器要能够访问到这个矩阵按键组件,必须把 Nios Ⅱ的数据总线(data_master)连接到矩阵按键组件(即 avalon_slave_0)上,即图 6.106 所示方框内的最右边一个实心点。

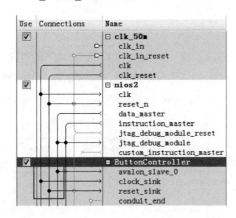

图 6.106　button_controller 组件与 Nios Ⅱ处理器互连

矩阵按键驱动的信号接口需要引出到 Qsys 系统的外部,最终要连接到 FPGA 的引脚上,双击矩阵按键外设 external_connection 一行的 Double-click to 处即可。

第 **7** 章

Qsys 系统生成

7.1　中断连接

　　在前面的章节中，已经完成了整个 Qsys 系统所有组件的配置和添加，接下来还需要对一些组件的中断信号进行连接。如图 7.1 所示，在 IRQ 一列中，与 Nios Ⅱ 处理器相连接的中断信号有 timer、pio_switch、jtag_uart、uart 和 ButtonController 组件。注意，这些 IRQ 信号和 Nios Ⅱ 处理器的连接点是一个空心圆，说明还未连接上。

Name	Description	Export	Clock	Base	End	IRQ	Tags
⊟ **clk_50m**	Clock Source						
clk_in	Clock Input	**clk**	**exported**				
clk_in_reset	Reset Input	**reset**					
clk	Clock Output	*Double-click to*	clk_50m				
clk_reset	Reset Output	*Double-click to*					
⊟ **nios2**	Nios II Processor						
clk	Clock Input	*Double-click to*	**clk_50m**				
reset_n	Reset Input	*Double-click to*	[clk]				
data_master	Avalon Memory Mapped ...	*Double-click to*	[clk]			IRQ 0　IRQ 31	
instruction_master	Avalon Memory Mapped ...	*Double-click to*	[clk]				
jtag_debug_module_reset	Reset Output	*Double-click to*	[clk]				
jtag_debug_module	Avalon Memory Mapped ...	*Double-click to*	[clk]	0x0800	0x0fff		
custom_instruction_master	Custom Instruction Ma...	*Double-click to*					
⊟ **timer**	Interval Timer						
clk	Clock Input	*Double-click to*	**clk_50m**				
reset	Reset Input	*Double-click to*	[clk]				
s1	Avalon Memory Mapped ...	*Double-click to*	[clk]	0x0000	0x001f		
⊟ **pio_switch**	PIO (Parallel I/O)						
clk	Clock Input	*Double-click to*	**clk_50m**				
reset	Reset Input	*Double-click to*	[clk]				
s1	Avalon Memory Mapped ...	*Double-click to*	[clk]	0x0000	0x000f		
external_connection	Conduit	**pio_switch_ex...**					
⊟ **jtag_uart**	JTAG UART						
clk	Clock Input	*Double-click to*	**clk_50m**				
reset	Reset Input	*Double-click to*	[clk]				
avalon_jtag_slave	Avalon Memory Mapped ...	*Double-click to*	[clk]	0x0000	0x0007		
⊟ **uart**	UART (RS-232 Serial P...						
clk	Clock Input	*Double-click to*	**clk_50m**				
reset	Reset Input	*Double-click to*	[clk]				
s1	Avalon Memory Mapped ...	*Double-click to*	[clk]	0x0000	0x001f		
external_connection	Conduit	**uart_external...**					
⊟ **ButtonController**	Button Controller						
avalon_slave_0	Avalon Memory Mapped ...	*Double-click to*	[clock...]	0x0000	0x001f		
clock_sink	Clock Input	*Double-click to*	**clk_50m**				

图 7.1　尚未连接的 Qsys 系统中断

单击 timer 组件所在行对应的 IRQ 列的空心圆,如图 7.2 所示,出现了数字"0",表示它们已经连接上,在 Nios Ⅱ 处理器编程时就可以接收到 timer 组件发出的中断请求,并且数字"0"代表 timer 组件的中断号,这个号码越低优先级越高,"0"即最高优先级。

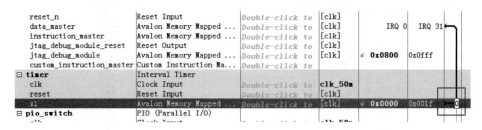

图 7.2　timer 组件的中断连接

依次单击 pio_switch、jtag_uart、uart 和 ButtonController 组件在 IRQ 一列的空心圆,如图 7.3 所示,相应地连接了这些中断,并且分配了中断优先级。

```
□ nios2                        Nios II Processor
  clk                          Clock Input              Double-click to   clk_50m
  reset_n                      Reset Input              Double-click to   [clk]
  data_master                  Avalon Memory Mapped ... Double-click to   [clk]              IRQ 0      IRQ 31
  instruction_master           Avalon Memory Mapped ... Double-click to   [clk]
  jtag_debug_module_reset      Reset Output             Double-click to   [clk]
  jtag_debug_module            Avalon Memory Mapped ... Double-click to   [clk]        0x0800      0x0fff
  custom_instruction_master    Custom Instruction Ma... Double-click to
□ timer                        Interval Timer
  clk                          Clock Input              Double-click to   clk_50m
  reset                        Reset Input              Double-click to   [clk]
  s1                           Avalon Memory Mapped ... Double-click to   [clk]        0x0000      0x001f        0
□ pio_switch                   PIO (Parallel I/O)
  clk                          Clock Input              Double-click to   clk_50m
  reset                        Reset Input              Double-click to   [clk]
  s1                           Avalon Memory Mapped ... Double-click to   [clk]        0x0000      0x000f        1
  external_connection          Conduit                  pio_switch_ex...
□ jtag_uart                    JTAG UART
  clk                          Clock Input              Double-click to   clk_50m
  reset                        Reset Input              Double-click to   [clk]
  avalon_jtag_slave            Avalon Memory Mapped ... Double-click to   [clk]        0x0000      0x0007        2
□ uart                         UART (RS-232 Serial P...
  clk                          Clock Input              Double-click to   clk_50m
  reset                        Reset Input              Double-click to   [clk]
  s1                           Avalon Memory Mapped ... Double-click to   [clk]        0x0000      0x001f        3
  external_connection          Conduit                  uart_external...
□ ButtonController             Button Controller
  avalon_slave_0               Avalon Memory Mapped ... Double-click to   [clock...    0x0000      0x001f        4
  clock_sink                   Clock Input              Double-click to   clk_50m
  reset_sink                   Reset Input              Double-click to   [clock...
  conduit_end                  Conduit                  buttoncontrol... [clock...
```

图 7.3　连接好的 Qsys 系统中断

7.2　地址分配

如图 7.4 所示,切换到 Address Map 窗口,这里列出了所有外设的地址范围。目前地址还未分配,默认都是从 0x0000 开始作为基地址,所以各个外设间出现了地址冲突,红色叉叉即示意错误。

如图 7.5 所示,在菜单栏中选择 System→Assign Base Address 让工具自动进行地址分配。

	nios2.data_master	nios2.instruction_master
nios2.jtag_debug_module	❌ 0x0800 − 0x0fff	❌ 0x0800 − 0x0fff
onchip_mem.s1	❌ 0x0000 − 0x57ff	❌ 0x0000 − 0x57ff
sysid.control_slave	❌ 0x0000 − 0x0007	
jtag_uart.avalon_jtag...	❌ 0x0000 − 0x0007	
timer.s1	❌ 0x0000 − 0x001f	
uart.s1	❌ 0x0000 − 0x001f	
pio_beep.s1	❌ 0x0000 − 0x000f	
pio_switch.s1	❌ 0x0000 − 0x000f	
ADC_Controller.avalon...	❌ 0x0000 − 0x0007	
DAC_Controller.avalon...	❌ 0x0000 − 0x0007	
ultrasound_controller...	❌ 0x0000 − 0x0007	
RTC_Controller.avalon...	❌ 0x0000 − 0x000f	
ButtonController.aval...	❌ 0x0000 − 0x001f	

图 7.4　尚未做地址映射的列表

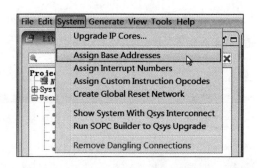

图 7.5　自动地址分配菜单

分配好地址后如图 7.6 所示,这里就不再有地址冲突错误了。

	nios2.data_master	nios2.instruction_master
sysid.control_slave	0x0001_10c0 − 0x0001_10c7	
jtag_uart.avalon_jtag...	0x0001_10b8 − 0x0001_10bf	
onchip_mem.s1	0x0000_8000 − 0x0000_d7ff	0x0000_8000 − 0x0000_d7ff
pio_beep.s1	0x0001_1090 − 0x0001_109f	
pio_switch.s1	0x0001_1080 − 0x0001_108f	
timer.s1	0x0001_1040 − 0x0001_105f	
nios2.jtag_debug_module	0x0001_0800 − 0x0001_0fff	0x0001_0800 − 0x0001_0fff
uart.s1	0x0001_1020 − 0x0001_103f	
DigitalTubeController...	0x0001_1070 − 0x0001_107f	
ADC_Controller.avalon...	0x0001_10b0 − 0x0001_10b7	
DAC_Controller.avalon...	0x0001_10a8 − 0x0001_10af	
ultrasound_controller...	0x0001_10a0 − 0x0001_10a7	
RTC_Controller.avalon...	0x0001_1060 − 0x0001_106f	
ButtonController.aval...	0x0001_1000 − 0x0001_101f	

图 7.6　做好地址映射的列表

在实际应用中,这里的数据总线是 32 位宽,但是地址却是以字节(byte,即 8bit)为单位寻址的。例如,图 7.6 中自定义的 DAC_Controller 组件只有一个 32 位寄存器,即对应只需要 1 个 32 位数据位宽的对应地址,换句话说,也就是 4 个 8 位位宽数据的对应地址。因此,地址范围是 0x0001_10a8~0x0001_10af,即 4 个地址。又例如,自定义的 DigitalTubeController 组件有一个数据寄存器和一个控制寄存器,即 2 个 32 位的寄存器,那应该被分配到 8 个 8 位位宽数据的地址,图 7.6 中该组件的地址范围是 0x0001_1070~0x0001_107f,即 8 个地址,和推断的一样。

7.3　系统生成

最后,如图 7.7 所示,选择菜单栏 Generate→Generate 进行 Qsys 系统生成。

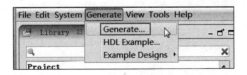

图 7.7　系统生成菜单

如图 7.8 所示,对弹出的 Generation 对话框进行设置后,单击右下角的 Generate 按钮。

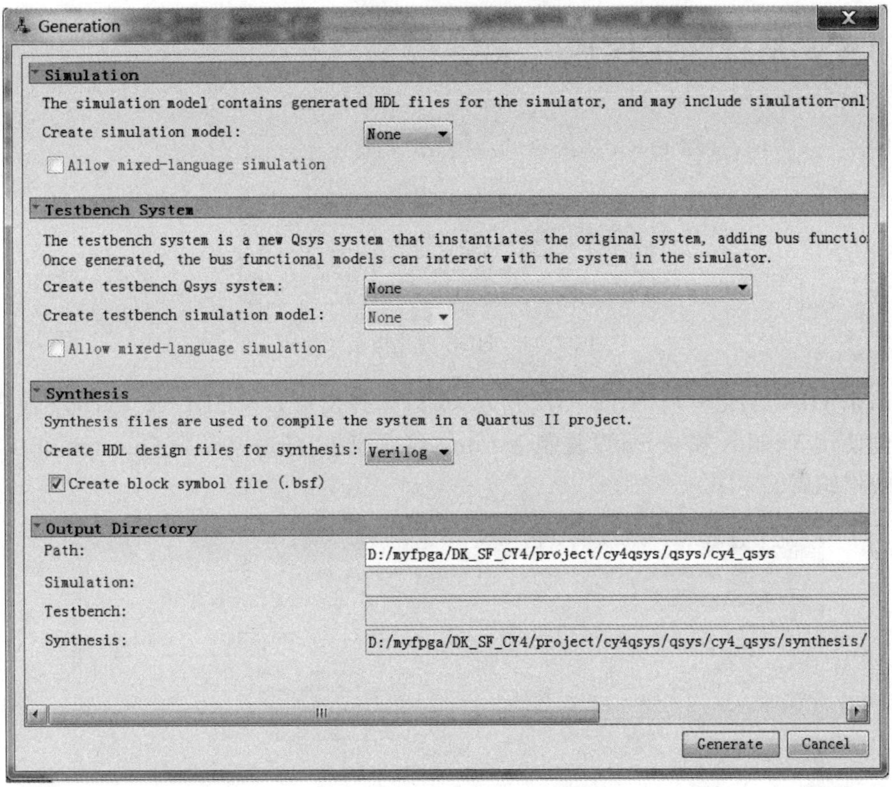

图 7.8　Generation 对话框

若之前未保存,则会弹出如图 7.9 所示的保存对话框,单击 Save 按钮。

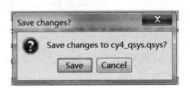

图 7.9　保存窗口

完成系统生成后,如图 7.10 所示。

图 7.10　系统生成完毕

7.4　Qsys 系统例化模板

如图 7.11 所示,选择 Qsys 菜单栏 Generate→HDL Examle。

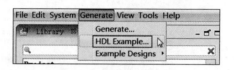

图 7.11　HDL 例化模板菜单

弹出来 HDL 例化模板,如图 7.12 所示,可以选择模板为 VHDL 或 Verilog 代码语言,这个实例使用 Verilog 模板,可以复制 Verilog 代码模板,随后粘贴到 Quartus Ⅱ 工程源码中进行映射编辑。

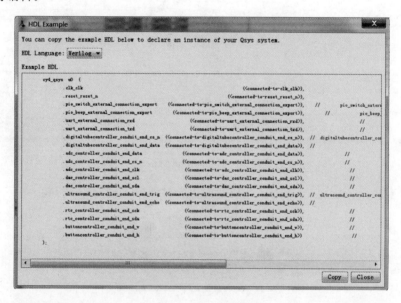

图 7.12　HDL 例化模板

第 **8** 章

Quartus Ⅱ 工程设计实现

8.1 Verilog 顶层文件设计

回到 Quartus Ⅱ 中，创建 Verilog 代码源文件，命名为 cy4.v，作为工程的顶层源文件，保存在工程目录下的 source_code 文件夹下。源码如下，这里例化了一个 PLL，产生 Qsys 系统所需的 50MHz 时钟；也例化了 Qsys 系统，将与外设通信的组件信号连接到 FPGA 引脚上。

```
//Qsys 系统
module cy4(
            input ext_clk_25m,          //外部输入 25MHz 时钟信号
            input ext_rst_n,            //外部输入复位信号，低电平有效
            input uart_rx,              //UART 接收数据信号
            output uart_tx,             //UART 发送数据信号
            input[3:0] switch,          //拨码开关 SW3 输入，ON——低电平，OFF——高电平
            output beep,                //蜂鸣器控制信号，1——响，0——不响
            output[3:0] dtube_cs_n,     //7 段数码管位选信号
            output[7:0] dtube_data,     //7 段数码管段选信号(包括小数点为 8 段)
            input adc_data,             //ADC 芯片 TLC549 的 SPI 数据信号
            output adc_cs_n,            //ADC 芯片 TLC549 的 SPI 片选信号，低电平有效
            output adc_clk,             //ADC 芯片 TLC549 的 SPI 时钟信号
            output dac_iic_sck,         //DAC5571 的 IIC 接口 SCL
            inout dac_iic_sda,          //DAC5571 的 IIC 接口 SDA
            output ultrasound_trig,     //超声波测距模块脉冲激励信号，10μs 的高脉冲
            input ultrasound_echo,      //超声波测距模块回响信号
            output rtc_iic_sck,         //RTC 芯片的 IIC 时钟信号
            inout rtc_iic_sda,          //RTC 芯片的 IIC 数据信号
            input[3:0] key_v,           //4 个列按键输入，未按下为高电平，按下后为低电平
            output[3:0] key_h           //4 个行按键输出
        );
```

```verilog
wire clk_12m5; //PLL 输出 12.5MHz 时钟
wire clk_25m; //PLL 输出 25MHz 时钟
wire clk_50m; //PLL 输出 50MHz 时钟
wire clk_100m; //PLL 输出 100MHz 时钟
wire sys_rst_n; //PLL 输出的 locked 信号作为 FPGA 内部的复位信号,低电平复位,高电平正常工作

//----------------------------------
//PLL 例化

pll_controllerpll_controller_inst (
    .areset ( !ext_rst_n ),
    .inclk0 ( ext_clk_25m ),
    .c0 ( clk_12m5 ),
    .c1 ( clk_25m ),
    .c2 ( clk_50m ),
    .c3 ( clk_100m ),
    .locked ( sys_rst_n )
    );

//----------------------------------
//Qsys 系统例化

cy4_qsys uut_cy4_qsys (
    .clk_clk (clk_50m),                //clk.clk
    .reset_reset_n (sys_rst_n),       //reset.reset_n
    .pio_switch_external_connection_export (switch),        //pio_switch_external_connection.export
    .pio_beep_external_connection_export  (beep),          //pio_beep_external_connection.export
    .uart_external_connection_rxd         (uart_rx),       //uart_external_connection.rxd
    .uart_external_connection_txd         (uart_tx),       //.txd
    .digitaltubecontroller_conduit_end_cs_n (dtube_cs_n), //digitaltubecontroller_conduit_end.cs_n
    .digitaltubecontroller_conduit_end_data (dtube_data), //.data
    .adc_controller_conduit_end_data      (adc_data),      //adc_controller_conduit_end.data
    .adc_controller_conduit_end_cs_n      (adc_cs_n),      //.cs_n
    .adc_controller_conduit_end_clk       (adc_clk),       //.clk
    .dac_controller_conduit_end_scl       (dac_iic_sck), //dac_controller_conduit_end.scl
    .dac_controller_conduit_end_sda       (dac_iic_sda), //.sda
    .ultrasound_controller_conduit_end_trig (ultrasound_trig),
                                        //ultrasound_controller_conduit_end.trig
    .ultrasound_controller_conduit_end_echo(ultrasound_echo), //.echo
    .rtc_controller_conduit_end_sck       (rtc_iic_sck), //rtc_controller_conduit_end.sck
    .rtc_controller_conduit_end_sda       (rtc_iic_sda), //.sda
    .buttoncontroller_conduit_end_v       (key_v),        //buttoncontroller_conduit_end.v
    .buttoncontroller_conduit_end_h       (key_h)         //.h
    );

endmodule
```

8.2　语法检查

如图 8.1 所示,单击 Analysis & Elaboration 进行语法检查,通过后前面会出现一个绿色的勾号。

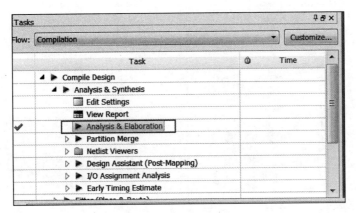

图 8.1　语法检查编译

8.3　引脚分配

如图 8.2 所示,选择菜单栏 Assignments→Pin Planner 进入引脚分配界面。

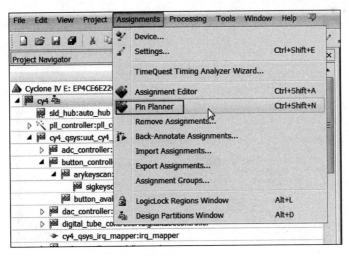

图 8.2　引脚分配菜单

如图 8.3 所示,在各个引脚信号的 Location 一列输入对应的引脚号。

Node Name	Direction	Location	I/O Bank	VREF Group	I/O Standard	Reserved
adc_clk	Output	PIN_46	3	B3_N0	2.5 V (default)	
adc_cs_n	Output	PIN_43	3	B3_N0	2.5 V (default)	
adc_data	Input	PIN_44	3	B3_N0	2.5 V (default)	
beep	Output	PIN_38	3	B3_N0	2.5 V (default)	
dac_iic_sck	Output	PIN_39	3	B3_N0	2.5 V (default)	
dac_iic_sda	Bidir	PIN_42	3	B3_N0	2.5 V (default)	
dtube_cs_n[0]	Output	PIN_34	2	B2_N0	2.5 V (default)	
dtube_cs_n[1]	Output	PIN_33	2	B2_N0	2.5 V (default)	
dtube_cs_n[2]	Output	PIN_32	2	B2_N0	2.5 V (default)	
dtube_cs_n[3]	Output	PIN_31	2	B2_N0	2.5 V (default)	
dtube_data[0]	Output	PIN_30	2	B2_N0	2.5 V (default)	
dtube_data[1]	Output	PIN_11	1	B1_N0	2.5 V (default)	
dtube_data[2]	Output	PIN_7	1	B1_N0	2.5 V (default)	
dtube_data[3]	Output	PIN_2	1	B1_N0	2.5 V (default)	
dtube_data[4]	Output	PIN_1	1	B1_N0	2.5 V (default)	
dtube_data[5]	Output	PIN_28	2	B2_N0	2.5 V (default)	
dtube_data[6]	Output	PIN_10	1	B1_N0	2.5 V (default)	
dtube_data[7]	Output	PIN_3	1	B1_N0	2.5 V (default)	
ext_clk_25m	Input	PIN_23	1	B1_N0	2.5 V (default)	
ext_rst_n	Input	PIN_24	2	B2_N0	2.5 V (default)	
key_h[0]	Output	PIN_64	4	B4_N0	2.5 V (default)	
key_h[1]	Output	PIN_52	3	B3_N0	2.5 V (default)	
key_h[2]	Output	PIN_53	3	B3_N0	2.5 V (default)	
key_h[3]	Output	PIN_51	3	B3_N0	2.5 V (default)	
key_v[0]	Input	PIN_58	4	B4_N0	2.5 V (default)	
key_v[1]	Input	PIN_59	4	B4_N0	2.5 V (default)	
key_v[2]	Input	PIN_54	4	B4_N0	2.5 V (default)	
key_v[3]	Input	PIN_55	4	B4_N0	2.5 V (default)	
rtc_iic_sck	Output	PIN_50	3	B3_N0	2.5 V (default)	
rtc_iic_sda	Bidir	PIN_49	3	B3_N0	2.5 V (default)	
switch[0]	Input	PIN_91	6	B6_N0	2.5 V (default)	
switch[1]	Input	PIN_90	6	B6_N0	2.5 V (default)	
switch[2]	Input	PIN_89	5	B5_N0	2.5 V (default)	
switch[3]	Input	PIN_88	5	B5_N0	2.5 V (default)	
uart_rx	Input	PIN_143	8	B8_N0	2.5 V (default)	
uart_tx	Output	PIN_144	8	B8_N0	2.5 V (default)	
ultrasound_echo	Input	PIN_142	8	B8_N0	2.5 V (default)	
ultrasound_triq	Output	PIN_141	8	B8_N0	2.5 V (default)	
<<new node>>						

图 8.3　引脚分配界面

8.4　系统编译

如图 8.4 所示,选择菜单栏 Processing→Start Compilation 对整个 Quartus Ⅱ工程进行编译。

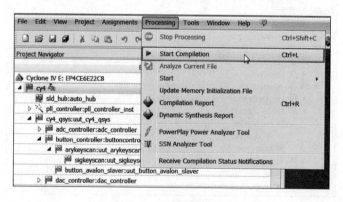

图 8.4　工程编译菜单

完成编译后,如图 8.5 所示,Compilation 窗口清一色的绿色勾勾表示通过编译。

与此同时,如图 8.6 所示,在 Quartus Ⅱ工作区给出了详细的编译报告,默认的 Summary 页面中示意了整个 FPGA 器件的资源使用情况。

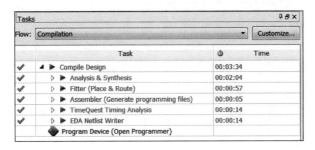

图 8.5　编译通过

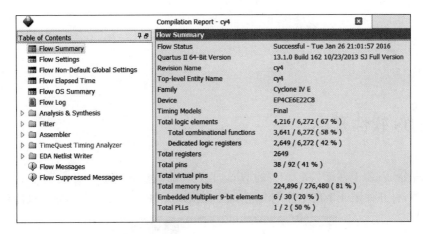

图 8.6　编译报告

至此,基于 Qsys 的 Quartus Ⅱ 工程已经完成设计工作。后面就要开始迈入 Nios Ⅱ 处理器软件开发的大门了。

第 **9** 章

软件开发工具 EDS

9.1 EDS 软件开启

这节开始，就要专注于"高大上"的 Nios Ⅱ 处理器的嵌入式软件开发工作了。首先单击 "开始"菜单，打开如图 9.1 所示的 Nios Ⅱ 13.1 Software Build Tools for Eclipse(简称 EDS)。

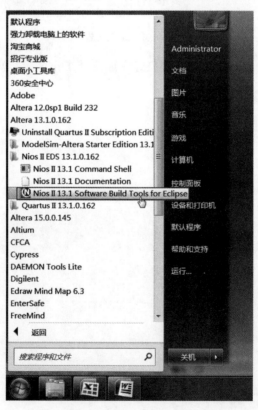

图 9.1 EDS 程序菜单

开启的 EDS 界面如图 9.2 所示。

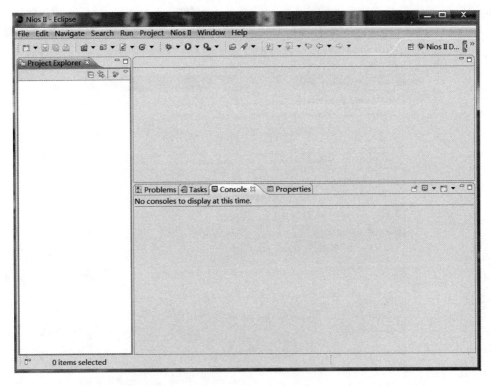

图 9.2　EDS 主界面

9.2　BSP 工程创建

如图 9.3 所示,选择菜单栏 File→New→Nios Ⅱ Board Support Package 创建一个 BSP 工程。BSP 工程将会包含所有 Qsys 系统中的 Nios Ⅱ 处理器和外设组件的硬件信息,包括地址、中断优先级等硬件参数。

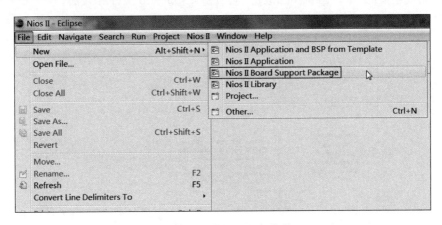

图 9.3　新建 BSP 工程菜单

如图 9.4 所示，首先输入 Project name 为 nios2bsp，然后选择 SOPC Information File name 为 cy4qsys 工程文件夹下的 cy4_qsys. sopcinfo 文件。cy4_qsys. sopcinfo 文件是 Qsys 系统生成时一同产生的，它包含了所有 Qsys 系统的硬件信息，通过它导入到 BSP 工程，就使得 BSP 工程中也能获得所有 Qsys 系统的硬件信息。

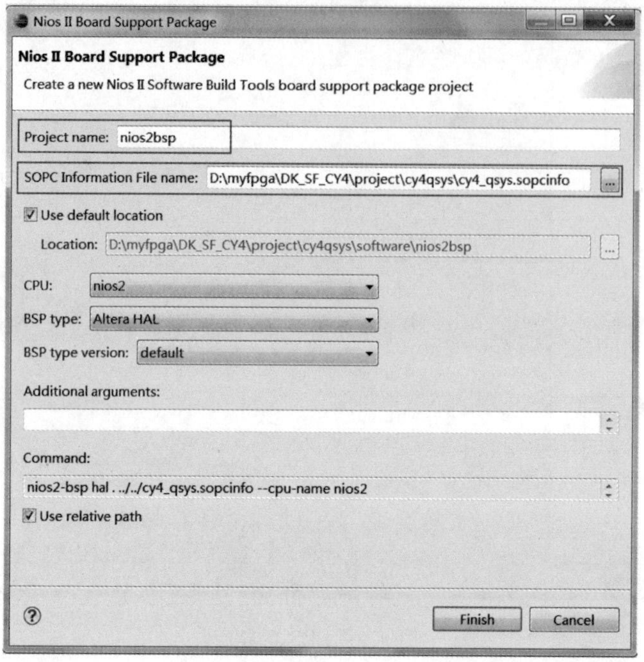

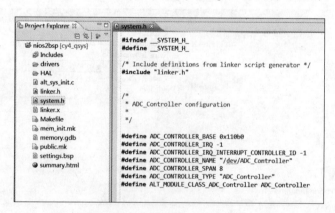

图 9.4　BSP 工程创建

其他设置默认即可，单击 Finish 按钮完成 BSP 工程的创建。

这时可以看到在 Project Explorer 下出现了新建的 nios2bsp 工程目录，展开后如图 9.5 所示，可以看到这个文件夹下包含了各种和当前 Qsys 系统相关的板级驱动源文件和头文件，供应用软件调用。图中打开的头文件 system. h，它将 Qsys 系统中的 Nios Ⅱ 处理器和所有外设的名称、基地址、中断有无以及优先级号码等相关硬件信息进行了定义。当然，它不是平白无故生成的，是在图 9.4 加载的 cy4_qsys. sopcinfo 文件导入的。

图 9.5　nios2bsp 工程目录

与此同时,如图 9.6 所示,也可以看到工程所在文件夹 cy4qsys 下也自动创建了 software 文件夹和 nios2bsp 文件夹。software 文件夹用于存放当前创建的 BSP 工程以及随后要创建的软件应用工程。

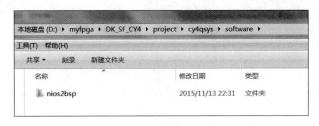

图 9.6 自动创建的 software 和 nios2bsp 文件夹

9.3 开启 BSP Editor

BSP Editor 顾名思义,BSP 工程的"编辑器",功能如同一般的"属性"窗口。在 BSP Editor 中,可以对板级驱动层进行一些定制化的配置,比如代码裁剪、标准输入/输出外设和定时器外设的设置等。

如图 9.7 所示,右击新创建的 nios2bsp 工程,选择菜单 Nios Ⅱ→BSP Editor。

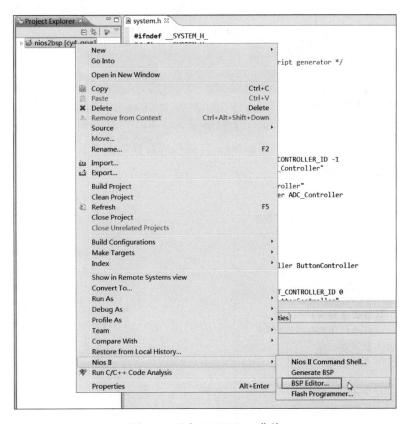

图 9.7 开启 BSP Editor 菜单

BSP Editor 界面如图 9.8 所示,主要在 Main 选项卡中对 BSP 的驱动设置进行更改。

图 9.8　BSP Editor 窗口

9.4　BSP Editor 设置

由于使用了存储量有限的 FPGA 片内 RAM 作为 Nios Ⅱ 处理器数据和程序存储器,因此需要对 BSP 进行裁剪,以减少一些不需要的驱动层代码。

在 BSP Editor 中,选择左侧的 Settings,右侧相应设置如图 9.9 和图 9.10 所示(未出现在图中的使用默认设置即可)。

图 9.9　Settings 设置 1

图 9.10　Seetings 设置 2

选择左侧的 Advanced,右侧设置如图 9.11 所示(未出现在图中的使用默认设置即可)。

完成设置后,如图 9.12 所示,单击 BSP Editor 右下角的 Generate 按钮完成设置,最后单击 Exit 按钮退出。

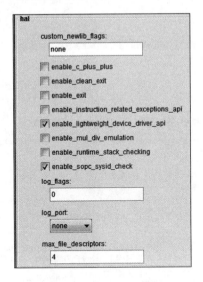

图 9.11　Advanced 设置

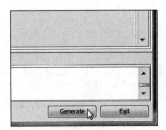

图 9.12　Generate 按钮

9.5　BSP 工程编译

如图 9.13 所示,回到 Project Explorer 中,右击 nios2bsp 工程文件夹,弹出菜单中选择 Build Project 进行工程编译。

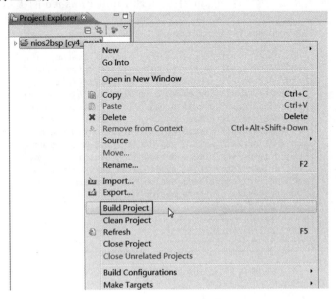

图 9.13　工程编译菜单

如图 9.14 所示为编译工程进行中。

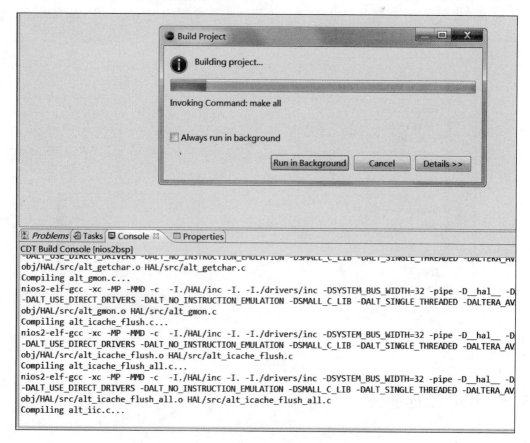

图 9.14　编译工程进行中

编译完成后,如图 9.15 所示,Console 中会出现 Build Finished 的提示。

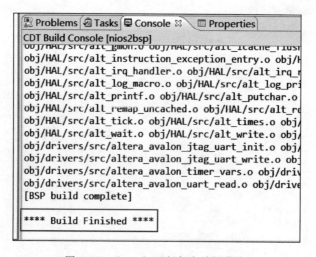

图 9.15　Console 面板打印编译信息

9.6　工程创建

如图 9.16 所示,在 EDS 菜单栏中选择 File→Nios Ⅱ Application 创建新的应用工程。

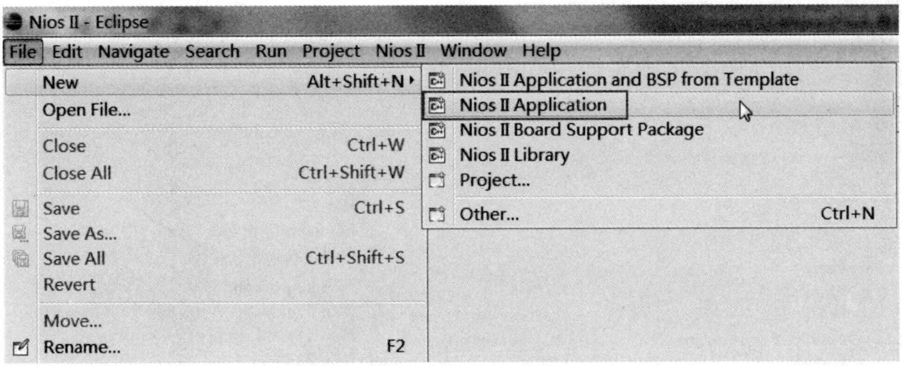

图 9.16　应用工程创建菜单

如图 9.17 所示,输入 Project name 为 nios2ex1,BSP location 选择当前工程新创建的 BSP 工程,即 nios2bsp。其他设置使用默认接口,单击 Finish 按钮完成软件应用工程的创建。

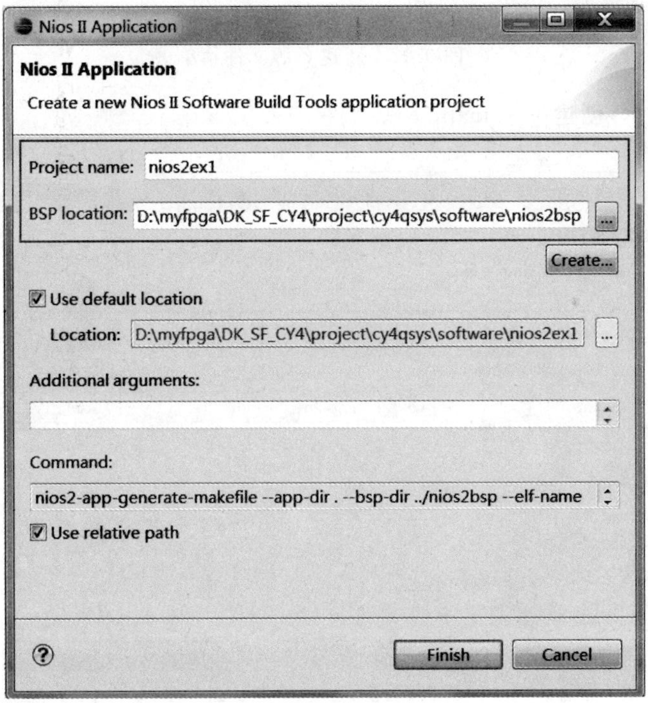

图 9.17　新建应用工程

9.7　C 代码源文件创建

如图 9.18 所示，在 Project Explorer 中出现了新创建的软件应用工程 nios2ex1，右击它，在弹出菜单中选择 New→Source File。

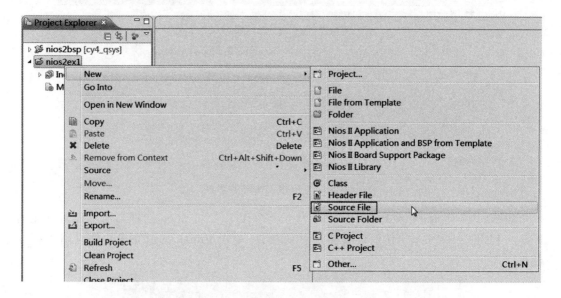

图 9.18　新建 C 源文件菜单

如图 9.19 所示，创建一个 main.c 源文件。

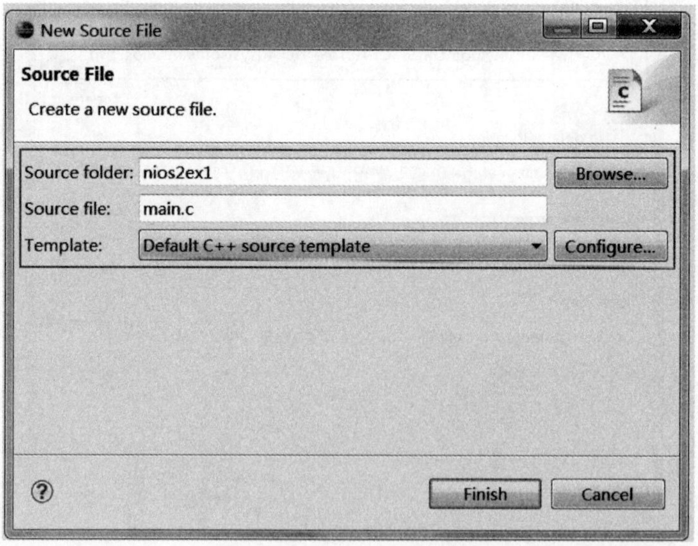

图 9.19　新建 main.c 源文件

此时,如图 9.20 所示,可以看到 nios2ex1 文件夹下出现了新建的 main.c 文件,并且处于打开可编译的状态。

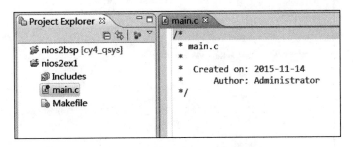

图 9.20　新建好的 main.c 源文件

如图 9.21 所示,可以在 main.c 中编写一个简单的例程。

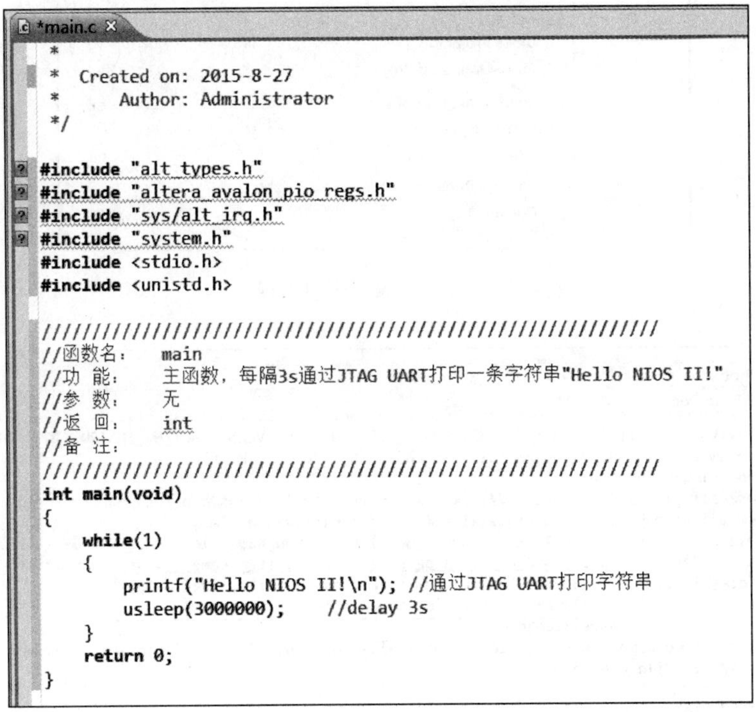

```
 *
 *   Created on: 2015-8-27
 *       Author: Administrator
 */

#include "alt_types.h"
#include "altera_avalon_pio_regs.h"
#include "sys/alt_irq.h"
#include "system.h"
#include <stdio.h>
#include <unistd.h>

////////////////////////////////////////////////////
//函数名：    main
//功  能：    主函数，每隔3s通过JTAG UART打印一条字符串"Hello NIOS II!"
//参  数：    无
//返  回：    int
//备  注：
////////////////////////////////////////////////////
int main(void)
{
    while(1)
    {
        printf("Hello NIOS II!\n"); //通过JTAG UART打印字符串
        usleep(3000000);    //delay 3s
    }
    return 0;
}
```

图 9.21　编辑 main.c 源文件

9.8　软件应用工程编译

如图 9.22 所示,在软件应用工程 nios2ex1 上右击,选择菜单 Build Project 对工程进行编译。

编译完成后,如图 9.23 所示,这里有软件应用工程的总代码量和余下可用的代码空间。

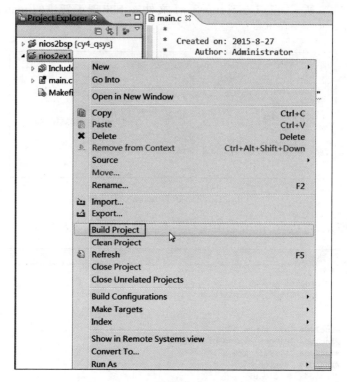

图 9.22　编译应用工程

图 9.23　Console 面板打印编译信息

9.9　移除当前工程

若希望在 EDS 中移除当前工程（注意不是删除，只是将当前工程从 EDS 中移除，相当于关闭工程），如图 9.24 所示，右击工程，在弹出菜单中选择 Delete。

弹出菜单如图 9.25 所示，单击 OK 按钮即可。

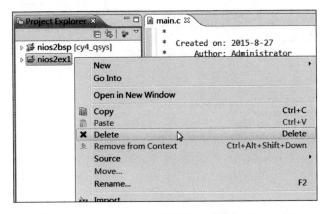

图 9.24 EDS 中移除工程按钮

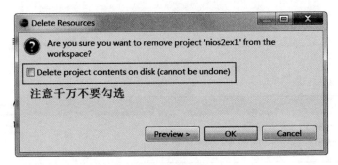

图 9.25 移除工程窗口

9.10 加载工程

如图 9.26 所示,在 Project Explorer 的空白处右击,选择 Import。

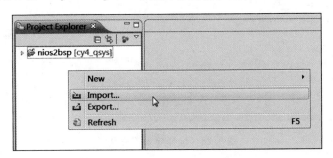

图 9.26 导入工程菜单

如图 9.27 所示,选择 General→Existing Projects into Workspace,再单击 Next 按钮。

如图 9.28 所示,将 Select root directory 定位到希望加载的工程所在路径,EDS 会自动识别是否有软件工程供加载,罗列在 Projects 下。可以勾选希望加载的工程,然后单击 Finish 按钮完成加载。

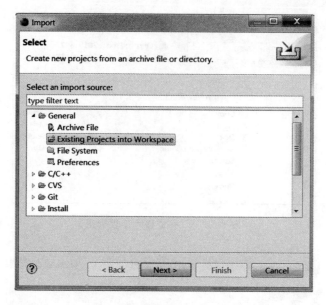

图 9.27　选择导入已有工程

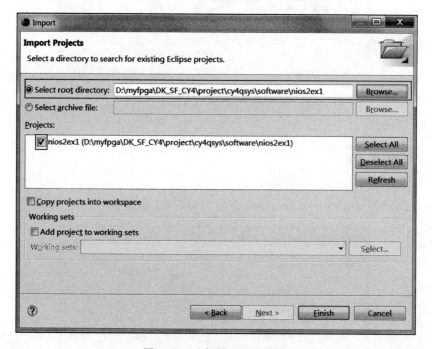

图 9.28　选择导入工程路径

9.11　移植工程

如果将一个工程(注意这个工程必须是完整的包括 Quartus Ⅱ 工程和软件 BSP 工程和应用工程)从原有的路径复制到另一个不同的路径下,则需要进行一些路径上的修改,才能够正常编译。

如图 9.29 所示,打开 BSP 工程文件夹,双击 settings. bsp 文件。

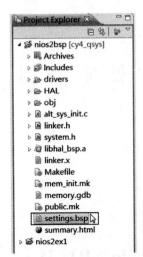

图 9.29　打开 settings. bsp 文件

如图 9.30 所示,将高亮一行的路径修改为新的工程文件夹路径,即可完成移植。

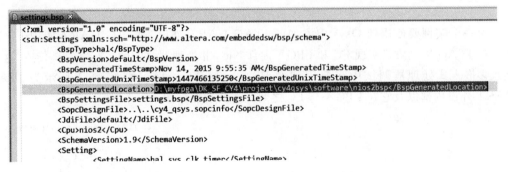

图 9.30　修改 BspGeneratedLocation 路径

第 **10** 章

软 件 实 验 例 程

10.1 Nios Ⅱ 实例之 Hello NIOS II

10.1.1 软件功能概述

第一个实例要使用到 Qsys 中添加的 JTAG UART 外设。JTAG UART 使用 FPGA 既有的 JTAG 接口协议实现 PC 和 FPGA 内部 Nios Ⅱ 处理器之间的串行字符串传输,这如同很多嵌入式处理器调试中需要用到的 RS232 UART 一样。如图 10.1 所示为 JTAG UART 外设内部以及它在 FPGA 与 PC 之间互连的功能框图。

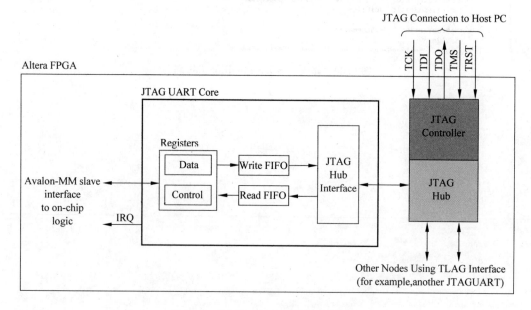

图 10.1 JTAG UART 外设功能框图

本实例要做一个最简单的软件实例,即通过 JTAG UART 在 EDS 的 Nios Console 中每隔 3s 打印一串"Hello NIOS II!"的字符串。软件流程如图 10.2 所示。

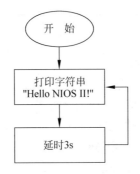

图 10.2　Hello NIOS II 实例软件流程图

10.1.2　软件代码解析

本实例的软件代码很简单,如下所示。

```
#include "system.h"
#include <stdio.h>
#include <unistd.h>

/////////////////////////////////////////////////////
//函数名：main
//功　能：主函数,每隔 3s 通过 JTAG UART 打印一条字符串"Hello NIOS II!"
//参　数：无
//返　回：int
//备　注：
/////////////////////////////////////////////////////
int main(void)
{
    while(1)
    {
        printf("Hello NIOS II!\n");      //通过 JTAG UART 打印字符串
        usleep(3000000);                 //延时 3s
    }
    return 0;
}
```

(1) 首先来看一下这里定义的 3 个头文件。

• system.h 定义了 Qsys 中各个外设的基址、中断优先级等基本硬件信息。

• stdio.h 定义标准输入/输出函数,如 printf()函数的声明。

• unistd.h 包含了延时函数 usleep()函数的声明。

(2) printf()是标准的输入/输出函数,它所对应的设备在 BSP Editor 中可以设定,当前

的设定是 JTAG UART,如图 10.3 所示。也就是说,当调用 printf()函数打印字符串时,该
字符串通过 BSP Editor 中设定好的 JTAG UART 外设输出。

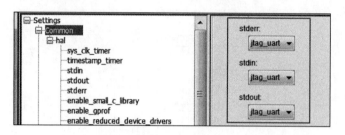

图 10.3　BSP Editor 中设定标准输入/输出设备

（3）Usleep()函数也是标准的库函数,它表示以 μs 为单位的延时。如输入 3 000 000 则
延时 3 000 000μs,即 3000ms＝3s。

10.1.3　板级调试

首先,需要将 Quartus Ⅱ工程中产生的 cy4. sof 文件烧录到 CY4 开发板的 FPGA 中。
接着,在 EDS 下,如图 10.4 所示,选择菜单 Run→Run Configuration。

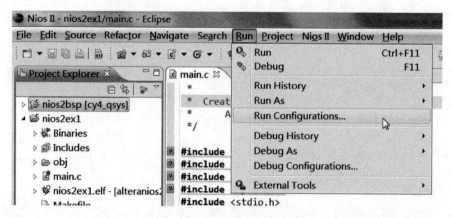

图 10.4　EDS 的软件运行菜单

如图 10.5 所示,在弹出的选项卡中,选择 Project 下的 Project name 为 nios2ex1。

如图 10.6 所示,在 Target Connection 中,单击右侧的 Refresh Connections 按钮,直到
左侧的 Processors 和 Byte Stream Devices 出现工程所对应的处理器和下载器。

如图 10.7 所示,当 Nios Ⅱ处理器和下载器识别好之后,就可以单击右下角的 Run 按
钮运行软件。

片刻后,可以在 EDS 的 Nios Ⅱ Console 中看到如图 10.8 所示不断打印出来的字符串
"Hello NIOS Ⅱ!"。

恭喜你完成了第一个完整的 Nios Ⅱ处理器软硬件实例。

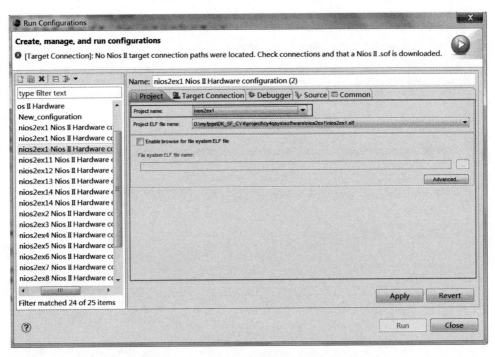

图 10.5　EDS 软件运行配置页面的工程选择

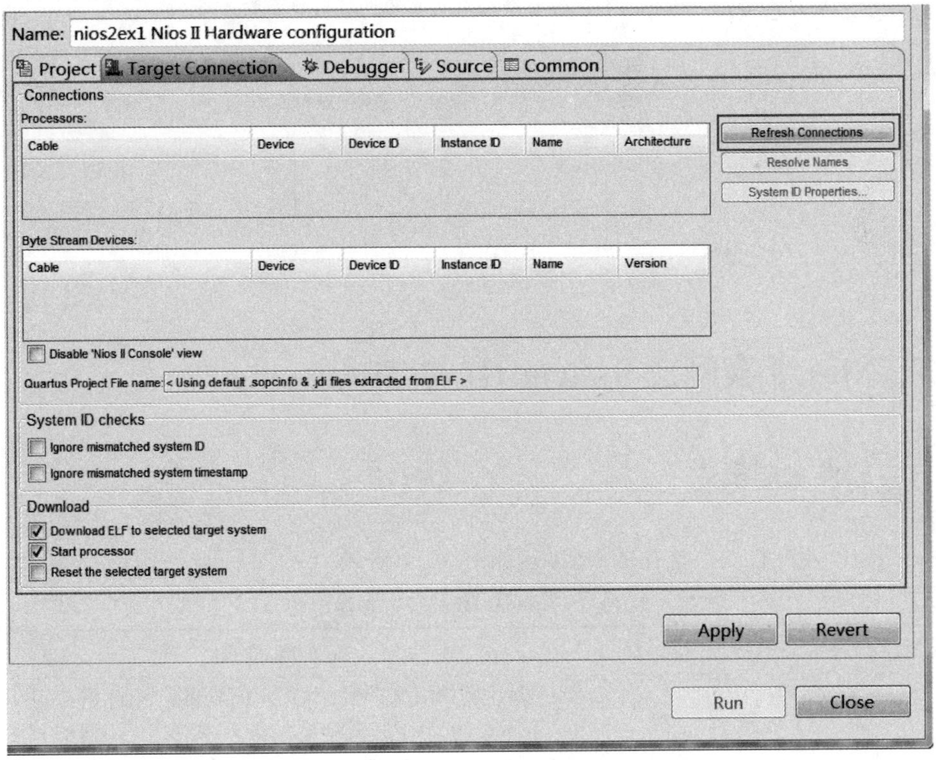

图 10.6　EDS 软件运行配置页面的目标连接

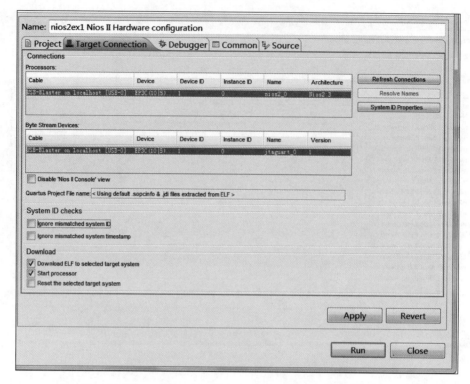

图 10.7　EDS 软件运行配置页面可运行状态

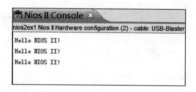

图 10.8　Nios Ⅱ Console 打印信息

10.2　Nios Ⅱ 实例之 System ID 与 Timestamp

10.2.1　软件功能概述

Sytem ID 外设有两个寄存器，其描述如表 10.1 所示。

表 10.1　System ID 外设寄存器定义

地址偏移	寄存器名称	读/写	功　能　描　述
0	id	读	基于 Qsys 系统定义的唯一的 32 位数值。该 id 值类似于校验和；不同组件、不同选项配置的 Qsys 系统产生不同的 id 值
1	timestamp	读	基于系统生成时间的唯一 32 位值。该值等效于从 1970 年 1 月 1 日以来所经过的总秒数

　　简单说,System ID 组件的 id 值为 32 位,Qsys 中添加该组件时就设置好了。System ID 组件 timestamp 寄存器取值为自 1970 年 1 月 1 日以来到该外设生成时的总秒数。

　　本实例读取 System ID 外设的两个寄存器值,一个是 id 值,另一个是 Timestamp 值。软件流程如图 10.9 所示。

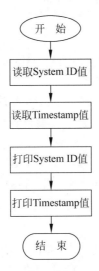

图 10.9　System ID 与 Timestamp 实例软件流程图

10.2.2　软件代码解析

　　本实例的软件代码如下。

```
# include "alt_types.h"
# include "system.h"
# include <stdio.h>
# include "altera_avalon_sysid_qsys_regs.h"

//////////////////////////////////////////////////////////
//函数名: main
//功　能: 主函数,读取 System ID 的 ID 值和 timestamp 值,通过 JTAG UART 打印
//参　数: 无
//返　回: int
//备　注:
//////////////////////////////////////////////////////////
int main(void)
{

    /* 读取 sy_id 值 */
    alt_u32 hardware_id = IORD_ALTERA_AVALON_SYSID_QSYS_ID(SYSID_BASE);

    /* 读取 sy_id 的 timestap 值 */
```

```
        alt_u32 hardware_timestamp = IORD_ALTERA_AVALON_SYSID_QSYS_TIMESTAMP
(SYSID_BASE);

        printf("System ID is 0x%8x\n", hardware_id);
        printf("System timestamp is 0x%8x\n", hardware_timestamp);

        while(1);
        return 0;
}
```

(1) 这里有 2 个和上一个实例不同的头文件，来看看它们的主要用处。

- alt_types.h 中对 altera 定义的数据类型进行宏定义和声明。例如 alt_u32 表示 32 位的无符号整型。
- altera_avalon_sysid_qsys_regs.h 中定义了 System ID 硬件寄存器访问的接口函数。如 IORD_ALTERA_AVALON_SYSID_QSYS_ID(SYSID_BASE)函数和 IORD_ALTERA_AVALON_SYSID_QSYS_TIMESTAMP(SYSID_BASE)函数。

(2) IORD_ALTERA_AVALON_SYSID_QSYS_ID(SYSID_BASE)函数读取定义的 System ID 外设的 id 值，SYSID_BASE 是定义的 System ID 外设的基址。

(3) IORD_ALTERA_AVALON_SYSID_QSYS_TIMESTAMP(SYSID_BASE)函数读取定义的 System ID 外设的 Timestamp 值。

10.2.3 板级调试

首先，需要将 Quartus Ⅱ 工程中产生的 cy4.sof 文件烧录到 CY4 开发板的 FPGA 中。接着，在 EDS 下，将程序跑起来。

片刻后，可以在 EDS 的 Nios Ⅱ Console 中看到如图 10.10 所示打印出来的字符串。

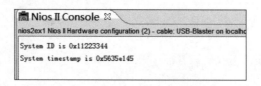

图 10.10 System ID 与 Timestamp 打印信息

System ID 的值正是在 Qsys 所设定的，而 timestamp 的值大家可以自己换算一下是不是从 1970 年 1 月 1 日到当天所经过的秒数（这个值大家根据自己实验得到的为准）。

10.3 Nios Ⅱ 实例之蜂鸣器定时鸣叫

10.3.1 软件功能概述

本实例使用 Timer 定时器产生秒中断信号，驱动蜂鸣器发出"滴…滴…"的响声。软件流程如图 10.11 所示。

Timer 定时器外设组件的内部结构如图 10.12 所示。Timer 定时器组件内部有可编程的 32 位定时计数器,可以通过编程访问该组件的控制和状态寄存器实现定时中断功能。

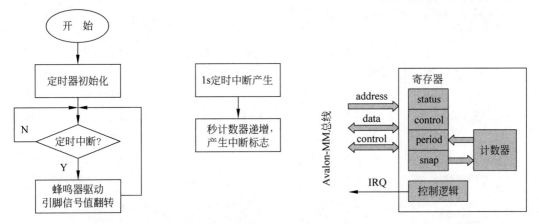

图 10.11　蜂鸣器定时鸣叫实例软件流程图　　图 10.12　Timer 定时器组件功能与接口

对于 32 位的定时器,其可用的寄存器定义如表 10.2 所示。

表 10.2　Timer 定时器外设寄存器定义

地址偏移	寄存器名称	读/写	功　能　描　述
0	status	读写	bit15~2:保留。 bit1:运行指示位。当计数寄存器运行时,该位置高。 bit0:定时结束指示位。当计数回零时,该位置高。一旦定时结束事件发生,该位置高,直到对该寄存器读写后该位清零
1	control	读写	bit15~4:保留。 bit3:停止位。该位写 1 将停止当前定时计数功能。 bit2:启动位。该位写 1 将启动定时计数功能。 bit1:持续运行位。该位置 1 后,计数器清零后将继续计数,即执行连续计数;该位清 0 后,计数器清零后将停止计数,即只执行一次计数。 bit0:中断标志位。该位拉高后,一旦 status 寄存器的 bit0 拉高,即产生 IRQ 中断
2	periodl	读写	定时计数周期值－1(高 16 位)
3	periodh	读写	定时计数周期值－1(低 16 位)
4	snapl	读写	当前计数值(高 16 位)
5	snaph	读写	当前计数值(低 16 位)

10.3.2　软件代码解析

本实例代码包含的头文件如下。

```
# include "alt_types. h"
# include "altera_avalon_pio_regs. h"
# include "altera_avalon_timer_regs. h"
# include "sys/alt_irq. h"
# include "system. h"
```

- altera_avalon_pio_regs. h 中对 PIO 外设函数进行声明,如用到的 IOWR_ALTERA
  _AVALON_PIO_DATA(PIO_BEEP_BASE,0)函数。

- altera_avalon_ timer_regs. h 中对 Timer 定时器外设函数进行声明,如 IOWR_
  ALTERA_ AVALON_ TIMER_ CONTROL(TIMER_BASE,7)函数和 IOWR_
  ALTERA_AVALON_TIMER_STATUS(TIMER_BASE,0)函数。

- alt_irq. h 中对中断相关的函数进行声明。如 alt_irq_register(TIMER_IRQ,
  TIMER_BASE,handle_timer_interrupts)函数对 Timer 定时器中断进行注册。

```
///////////////////////////////////////////////////////////
//函数名: init_timer
//功  能: Timer 定时器初始化函数
//参  数:无
//返  回:无
//备  注:
///////////////////////////////////////////////////////////
void init_timer(void)
{
    //注册定时器中断函数
    alt_irq_register(TIMER_IRQ,TIMER_BASE,handle_timer_interrupts);
    //启动 timer 允许中断,连续计数
    IOWR_ALTERA_AVALON_TIMER_CONTROL(TIMER_BASE,7);
    //清除标志位
    flag = 0;
}
```

- alt_irq_register(TIMER_IRQ,TIMER_BASE,handle_timer_interrupts);该语句注
  册中断函数,TIMER_IRQ 是 system. h 中定义的 Timer 定时器组件的中断号,
  TIMER_BASE 是 timer 定时器组件的基址,而 handle_timer_interrupts 则是中断
  函数。

- IOWR_ALTERA_AVALON_TIMER_CONTROL(TIMER_BASE,7);该函数对
  Timer 定时器组件的 control 寄存器写数据 7,即启动 Timer 定时计数功能,持续循
  环计数,产生 IRQ 中断。

- 初始化函数中没有对 periodl 和 periodh 寄存器进行设置,使用默认的计数值,即在
  Qsys 中定义的 1s 计数周期。

中断函数的代码如下所示。

```
///////////////////////////////////////////////////////////
//函数名: handle_timer_interrupts
```

```
//功　能：秒定时中断处理函数
//参　数：无
//返　回：无
//备　注：
/////////////////////////////////////////////////////////////
static void handle_timer_interrupts(void)
{
    IOWR_ALTERA_AVALON_TIMER_STATUS(TIMER_BASE,0);//清 TO 标志
    flag = 1;
    second++;
}
```

- IOWR_ALTERA_AVALON_TIMER_STATUS(TIMER_BASE,0)；函数写
  Timer 定时器组件的 status 寄存器，即清 TO 标志。

主函数的程序如下所示。

```
/////////////////////////////////////////////////////////////
//函数名：main
//功　能：主函数,每秒蜂鸣器发声状态翻转,达到"嘀…嘀…嘀…"的效果
//参　数：无
//返　回：int
//备　注：
/////////////////////////////////////////////////////////////
int main(void)
{
    IOWR_ALTERA_AVALON_PIO_DATA(PIO_BEEP_BASE,0);   //拨码开关 OFF
    init_timer();                    //Timer 定时器初始化函数

    while(1)
    {
        if(flag)
        {
            flag = 0;
            if(second & 0x01) IOWR_ALTERA_AVALON_PIO_DATA(PIO_BEEP_BASE,1);
                                                            //拨码开关 ON
            else IOWR_ALTERA_AVALON_PIO_DATA(PIO_BEEP_BASE,0);
                                                            //拨码开关 OFF
        }
    }
    return 0;
}
```

- IOWR_ALTERA_AVALON_PIO_DATA(PIO_BEEP_BASE,1)；该函数对基址
  为 PIO_BEEP_BASE 的 PIO 外设写数据 1。

10.3.3　板级调试

首先,需要将 Quartus II 工程中产生的 cy4. sof 文件烧录到 CY4 开发板的 FPGA 中。

接着,在 EDS 下,将程序运行起来。然后就可以听到蜂鸣器以 2Hz 的频率"滴…滴…滴…"的发声。

10.4　Nios II 实例之拨码开关输入 GIO 控制

10.4.1　软件功能概述

本实例使用 4 个拨码开关产生的中断,对不同拨码开关值进行判断,相应驱动蜂鸣器发出 1~4 次的响声。软件流程如图 10.13 所示。

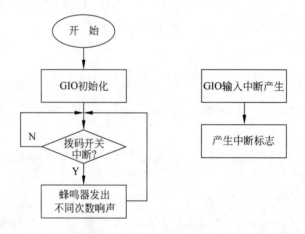

图 10.13　拨码开关输入 GIO 控制实例软件流程图

PIO 组件的功能框图和接口如图 10.14 所示。前面的一个实例中,已经使用了输出 PIO 控制蜂鸣器发声,而本实例还要使用输入 PIO,采集其电平值变化并产生中断给 Nios II 处理器。因此,对于输入 PIO 组件,必然需要有一个边沿捕获寄存器(Edge Capture)用于产生相应的中断(IRQ)。

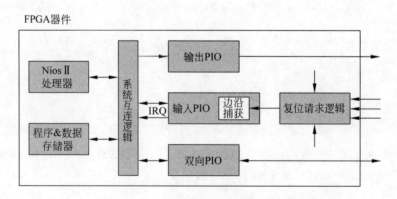

图 10.14　PIO 组件的功能框图和接口

对于 PIO 组件,其可用的寄存器定义如表 10.3 所示。

表 10.3　PIO 组件寄存器定义

地址偏移	寄存器名称	读/写	功 能 描 述
0	data	读写	作为输入 PIO 时,读操作获取当前输入 PIO 的电平值;作为输出 PIO 时,写操作将数据输出到 PIO 上
1	direction	读写	每个 PIO 引脚单独的方向控制。电平 0 设置 PIO 为输入;电平 1 设置 PIO 为输出
2	interruptmask	读写	每个 PIO 引脚对应的 IRQ 中断使能。电平 1 设置 IRQ 中断使能
3	edgecapture	读写	每个 PIO 引脚的边沿变化状态捕获

10.4.2　软件代码解析

初始化 PIO 外设,注册中断函数的软件代码如下。

```
/////////////////////////////////////////////////////////////
//函数名:init_switch_pio
//功　能:switch GIO 初始化函数
//参　数:无
//返　回:无
//备　注:
/////////////////////////////////////////////////////////////
void init_switch_pio(void)
{
    //初始化拨码开关状态值
    edge_capture_value = 0xff;
    //使能 3 个拨码开关中断
    IOWR_ALTERA_AVALON_PIO_IRQ_MASK(PIO_SWITCH_BASE, 0xff);
    //复位拨码开关边沿状态
    IOWR_ALTERA_AVALON_PIO_EDGE_CAP(PIO_SWITCH_BASE, 0x00);
    //拨码开关输入 GIO 中断复位声明
    alt_irq_register(PIO_SWITCH_IRQ,PIO_SWITCH_BASE,handle_switch_interrupts);
}
```

GIO 中断处理函数如下。

```
/////////////////////////////////////////////////////////////
//函数名:handle_switch_interrupts
//功　能:拨码开关中断服务函数
//参　数:无
//返　回:无
//备　注:
/////////////////////////////////////////////////////////////
static void handle_switch_interrupts(void)
{
    //捕获当前 PIO 值
    edge_capture_value = IORD_ALTERA_AVALON_PIO_DATA(PIO_SWITCH_BASE);
```

```
        //清除边沿中断标志位
        IOWR_ALTERA_AVALON_PIO_EDGE_CAP(PIO_SWITCH_BASE,0x00);

}
```

驱动蜂鸣器发出不同次数响声的函数如下。

```
/////////////////////////////////////////////////////////////
//函数名：beep_didi
//功　能：蜂鸣器发出"滴…滴…"响声函数
//参　数：alt_u8 time 发出响声的次数
//返　回：无
//备　注：
/////////////////////////////////////////////////////////////
void beep_didi(alt_u8 time)
{
    alt_u8 i;
    for(i=0;i<time;i++)
    {
        IOWR_ALTERA_AVALON_PIO_DATA(PIO_BEEP_BASE,1);  //拨码开关 ON
        usleep(20000);                                  //延时 100ms
        IOWR_ALTERA_AVALON_PIO_DATA(PIO_BEEP_BASE,0);  //拨码开关 OFF
        usleep(20000);                                  //延时 100ms
    }
}
```

主函数如下。

```
    /////////////////////////////////////////////////////////////
//函数名：main
//功　能：主函数，拨码开关从 OFF 到 ON 拨动时，蜂鸣器发出几声清脆的"滴"响声
//参　数：无
//返　回：int
//备　注：
/////////////////////////////////////////////////////////////
int main(void)
{

    IOWR_ALTERA_AVALON_PIO_DATA(PIO_BEEP_BASE,0);  //拨码开关 OFF
    init_switch_pio();                              //switch GIO 初始化函数

    while(1)
    {
        if(~edge_capture_value & 0x01)              //蜂鸣器发出 1 声"滴"
        {
            beep_didi(1);
        }
        else if(~edge_capture_value & 0x02)         //蜂鸣器发出 2 声"滴"
        {
            beep_didi(2);
        }
        else if(~edge_capture_value & 0x04)         //蜂鸣器发出 3 声"滴"
```

```
    {
        beep_didi(3);
    }
    else if(～edge_capture_value & 0x08)          //蜂鸣器发出 4 声"滴"
    {
        beep_didi(4);
    }
    }
    return 0;
}
```

10.4.3　板级调试

首先,需要将 Quartus Ⅱ 工程中产生的 cy4. sof 文件烧录到 CY4 开发板的 FPGA 中。

接着,在 EDS 下将程序运行起来。

然后如图 10. 15 所示,可以依次将拨码开关从 OFF 状态拨到 ON 状态,听听蜂鸣器对于不同拨码开关是否会响声的次数不一样。

图 10.15　拨码开关

10.5　Nios Ⅱ 实例之秒定时数码管显示

10.5.1　软件功能概述

本实例使用秒定时中断,递增显示到数码管上的 4 位数据。软件流程如图 10.16 所示。

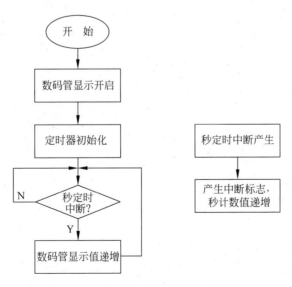

图 10.16　数码管递增实例软件流程图

10.5.2　软件代码解析

宏定义如下所示。

```
////////////////////////////////////////////////////////////
//宏定义

//数码管外设显示数据写入函数
#define DIGITALTUBE_DISPLAY(display_num) IOWR(DIGITALTUBECONTROLLER_BASE,
0,display_num)

//数码管外设显示开启
#define DIGITALTUBE_ON() IOWR(DIGITALTUBECONTROLLER_BASE,1,0xf)

//数码管外设显示关闭
#define DIGITALTUBE_OFF() IOWR(DIGITALTUBECONTROLLER_BASE,1,0x0)
```

使用简单的 IOWR()函数可以写数据到数码管组件的寄存器,从而实现数码管的显示
控制。IOWR()函数在头文件 io.h 中定义。该函数操作 32 位寄存器对应的地址。

```
#define IOWR(BASE, REGNUM, DATA) \
    __builtin_stwio (__IO_CALC_ADDRESS_NATIVE ((BASE), (REGNUM)), (DATA))
```

主函数如下。

```
////////////////////////////////////////////////////////////
//函数名: main
//功  能:主函数,进行秒定时,产生数据以十六进制形式显示到数码管
//参  数:无
//返  回: int
//备  注:
////////////////////////////////////////////////////////////
int main(void)
{
    alt_u32 temp;
    init_timer();                       //Timer 定时器初始化
    DIGITALTUBE_ON();                   //数码管显示开启

    while(1)
    {
        if(flag)
        {
            flag = 0;
            temp = (((second/1000)%10)<<24) + (((second/100)%10)<<16) +
(((second/10)%10)<<8) + (second%10);
            DIGITALTUBE_DISPLAY(temp);  //数码管外设显示数据写入函数
        }
```

```
        }
    return 0;
}
```

数码管显示值是 4 位的十进制数,但是在用 Verilog 编写定义时,写入的数据是 32 位,bit31~24 代表显示到数码管千位的数据;bit23~16 代表显示到数码管百位的数据;bit15~8 代表显示到数码管十位的数据;bit7~0 代表显示到数码管个位的数据。

10.5.3　板级调试

首先,需要将 Quartus Ⅱ 工程中产生的 cy4.sof 文件烧录到 CY4 开发板的 FPGA 中。

接着,在 EDS 下将程序运行起来。

然后可以看到数码管上的数据每秒递增 1 个数值。

10.6　Nios Ⅱ 实例之 DAC 递增输出

10.6.1　软件功能概述

本实例大约每隔 20ms,输出一个递增的数据到 DAC 芯片。软件流程如图 10.17 所示。

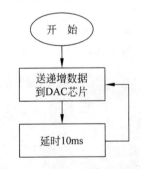

图 10.17　DAC 实例软件流程图

10.6.2　软件代码解析

软件代码如下所示。

```
/////////////////////////////////////////////////////////////
//宏定义

//DAC 输出数据写入函数
#define DAC_OUTPUT(adc_data) IOWR(DAC_CONTROLLER_BASE,0,adc_data)


/////////////////////////////////////////////////////////////
```

```
//函数名：main
//功　能：主函数，每隔 10ms 输出递增的 DAC 数据
//参　数：无
//返　回：int
//备　注：
/////////////////////////////////////////////////////////
int main()
{
    alt_u8 cnt = 0;

    while(1)
    {
        DAC_OUTPUT(cnt);
        usleep(10000);        //10ms 延时
        cnt++;
    }
    return 0;
}
```

10.6.3　板级调试

首先，P9 的 pin1～2 必须用跳线帽短接，然后需要将 Quartus Ⅱ工程中产生的 cy4. sof 文件烧录到 CY4 开发板的 FPGA 中。

接着，在 EDS 下将程序运行起来。

最后，如图 10.18 所示，就可以看到 LED D14 从暗到亮不断地变化。

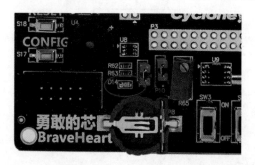

图 10.18　LED D14 位置

10.7　Nios Ⅱ实例之 ADC 采集打印

10.7.1　软件功能概述

本实例每秒读取 1 次 ADC 值，通过 JTAG UART 打印。软件流程如图 10.19 所示。

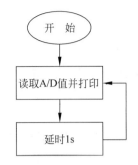

图 10.19 ADC 实例软件流程图

10.7.2 软件代码解析

软件代码如下所示。

```
//////////////////////////////////////////////////////////
//宏定义

//ADC 采集数据读取函数
#define ADC_INPUT() IORD(ADC_CONTROLLER_BASE,0)

//////////////////////////////////////////////////////////
//函数名：main
//功  能：主函数,每隔 1s 读取 ADC 采集数据,通过 JTAG UART 进行打印
//参  数：无
//返  回：int
//备  注：
//////////////////////////////////////////////////////////
int main()
{
    alt_u16 ad_dis;

    while(1)
    {
        ad_dis = ADC_INPUT();          //读取当前 ADC 采样值
        printf("Read Analog Value = %d\n",ad_dis);
        usleep(1000000);               //延时 1s
    }
    return 0;
}
```

使用简单的 IORD()函数可以从 ADC 组件的寄存器读出数据。IORD()函数在头文件 io.h 中定义,该函数操作 32 位寄存器对应的地址。

```
#define IORD(BASE, REGNUM) \
  __builtin_ldwio (__IO_CALC_ADDRESS_NATIVE ((BASE), (REGNUM)))
```

10.7.3　板级调试

首先,P10 的 pin1～2 必须用跳线帽短接,然后需要将 Quartus Ⅱ 工程中产生的 cy4. sof 文件烧录到 CY4 开发板的 FPGA 中。

接着,在 EDS 下将程序运行起来。

最后,就可以看到 EDS 的 Nios Ⅱ Console 不断打印出新的 ADC 采样值,同时可以用一字螺丝刀旋转电阻 R65,ADC 值将会发生变化,变化的 ADC 值如图 10.20 所示。

图 10.20　采样的 ADC 值打印

10.8　Nios Ⅱ 实例之 UART 收发

10.8.1　软件功能概述

本实例对 UART 串口外设进行初始化,接收到串口数据后,以"RXD＝?"的格式返回接收到的数据("?"表示接收到的数据)。软件流程如图 10.21 所示。

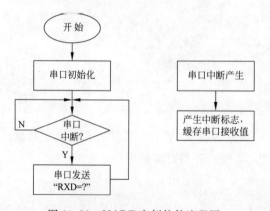

图 10.21　UART 实例软件流程图

UART 组件的功能框图和接口如图 10.22 所示。UART 组件支持标准的 RS232 协议接口,通过 Avalon-MM 总线实现与 Nios Ⅱ 处理器之间的数据交互。

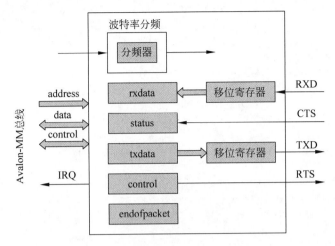

图 10.22 UART 组件的功能框图和接口

对于 UART 组件,其可用的寄存器定义如表 10.4 所示。

表 10.4 UART 组件寄存器定义

地址偏移	寄存器名称	读/写	功能描述
0	rxdata	读	接收数据寄存器
1	txdata	写	发送数据寄存器
2	status	读写	状态寄存器。各个功能位的定义详见官方文档 ug_embedded_ip. pdf
3	control	读写	控制寄存器。各个功能位的定义详见官方文档 ug_embedded_ip. pdf
4	divisor	读写	波特率分频寄存器
5	endofpacket	读写	帧尾数据

10.8.2 软件代码解析

串口初始化函数如下所示。

```
///////////////////////////////////////////////////////////
//函数名：Uart_init
//功  能：串口初始化函数
//参  数：无
//返  回：无
///////////////////////////////////////////////////////////
void Uart_init(void)
```

```
{
    rx_flag = 0;                              //串口数据接收标志位清零
    IOWR_16DIRECT(UART_BASE,12,0xc0);         //打开接收中断使能,打开传输数据使能
    IOWR_16DIRECT(UART_BASE,8, 0x0);          //清状态标志

    //中断注册(声明中断函数名为 handle_Uart_ISR)
    alt_ic_isr_register(UART_IRQ_INTERRUPT_CONTROLLER_ID,
                        UART_IRQ,
                        Handle_Uart_ISR,
                        NULL,
                        NULL);
    Uart_bps_change(0x03);                    //波特率设置
}
/*
IOWR_16DIRECT(基地址,偏移量,数据)16 位写数据函数
IORD_16DIRECT(基地址,偏移量,数据)16 位读数据函数

串口的基地址是: UART_BASE
偏移量 0: rxdata,接收数据寄存器
偏移量 4: txdata,发送数据寄存器
偏移量 8: status,状态寄存器
偏移量 12: control,控制寄存器

控制寄存器: 第 6 位,ITRDY 准备好传输中断
            第 7 位,IRRDY 准备好读取中断
*/
```

串口初始化通常需要执行以下的步骤:

(1) 设置控制寄存器,开启串口收发功能,打开串口中断。

(2) 设置状态寄存器,清除中断状态。

(3) 中断函数注册。

(4) 设定串口波特率。

串口波特率设置函数如下所示。

```
//////////////////////////////////////////////////////////////
//函数名: Uart_bps_change
//功  能:串口波特率设置函数
//参  数: alt_u8 newbps
//返  回:无
//////////////////////////////////////////////////////////////
void Uart_bps_change(alt_u8 newbps)
{
    alt_u16 div;
    switch(newbps)
    {
        case(0x00): { div = 12; } break;      //1200
        case(0x01): { div = 24; } break;      //2400
        case(0x02): { div = 48; } break;      //4800
```

```
            case(0x03): { div = 96; } break;           //9600
            case(0x04): { div = 192; } break;          //19200
            case(0x05): { div = 384; } break;          //38400
            case(0x06): { div = 576; } break;          //57600
            case(0x07): { div = 1152; } break;         //115200
            case(0x08): { div = 288; } break;          //28800
            case(0x09): { div = 768; } break;          //76800
            case(0x0a): { div = 625; } break;          //62500
            case(0x0b): { div = 1250; } break;         //125000
            case(0x0c): { div = 2500; } break;         //250000
            case(0x0d): { div = 2304; } break;         //230400
            case(0x0e): { div = 3456; } break;         //345600
            case(0x0f): { div = 6912; } break;         //691200
            default: {} break;
        }

        div = (500000/div)-1;

        IOWR_16DIRECT(UART_BASE,16,div);     //设置波特率分频计数器
}
/ *
Bps_set 指令值   0x00   0x01   0x02   0x03     0x04     0x05     0x06     0x07
波特率          1200   2400   4800   9600     19200    38400    57600    115200
Bps_set 指令值   0x08   0x09   0x0a   0x0b     0x0c     0x0d     0x0e     0x0f
波特率          28800  76800  62500  125000   250000   230400   345600   691200
* /
```

串口中断函数如下所示。

```
//////////////////////////////////////////////////////////
//函数名:Uart_rx_ISR
//功   能:串口接收数据中断服务函数
//参   数:无
//返   回:无
//////////////////////////////////////////////////////////
void Handle_Uart_ISR(void * nirq_isr_context)
{
    alt_u8 uart_status;
    do{
        uart_status = IORD_16DIRECT(UART_BASE,8);        //读状态寄存器
    }
    while((uart_status & 0x80) != 0x80);                 //判断数据(RRDY == 1)是否接收完毕
    uart_status = IORD_16DIRECT(UART_BASE,8);            //读状态寄存器
    uart_rx_temp = IORD_8DIRECT(UART_BASE,0);            //读串口收到的数据
    rx_flag = 1;                                         //串口数据接收标志位置位
}
```

通常是先读取状态寄存器,直到数据接收完成,随后再执行一次状态寄存器读取,清除当前中断,最后读取串口接收数据。

串口数据发送函数如下所示。

```
/////////////////////////////////////////////////////////
//函数名：Uart_tx
//功　能：串口发送数据函数
//参　数：alt_u8 txdb
//返　回：无
/////////////////////////////////////////////////////////
void Uart_tx(alt_u8 txdb)
{
    alt_u8 uart_status;
    do{
        uart_status = IORD_16DIRECT(UART_BASE,8);      //读状态寄存器
    }
    while((uart_status & 0x40) != 0x40);               //判断数据(TRDY == 1)是否发送完毕
    uart_status = IORD_16DIRECT(UART_BASE,8);   //再次读状态寄存器,清状态寄存器
    IOWR_8DIRECT(UART_BASE,4,txdb);             //发送数据
}
```

串口发送也是先读取中断状态,直到上一个数据发送完成,随后再执行一次状态寄存器读取,清除当前中断,最后写入新的串口发送数据。

主函数如下所示。

```
/////////////////////////////////////////////////////////////
//函数名：main
//功　能：主函数,以 9600bps 波特率,接收某个数据后,返回字符串"RXD=?"
//输　入：无
//返　回：alt_u8
/////////////////////////////////////////////////////////////
int main()
{
    Uart_init();                //串口初始化函数

    while(1)
    {
        if(rx_flag == 1)        //接收到 UART 数据
        {
            rx_flag = 0;        //串口数据接收标志位清零
            Uart_tx('R');
            Uart_tx('X');
            Uart_tx('D');
            Uart_tx('=');
            Uart_tx(uart_rx_temp);
            Uart_tx('\n');
        }
    }
    return 0;
}
```

10.8.3　板级调试

首先,将 Quartus Ⅱ工程中产生的 cy4. sof 文件烧录到 CY4 开发板的 FPGA 中。接着,在 EDS 下将软件程序运行起来。

打开设备管理器,确认当前的 COM 口号,如图 10.23 所示,识别到的端口是 COM13。

图 10.23　设备管理器中的 COM 口

打开串口调试器,如图 10.24 所示,选择串口为 COM13,波特率为 9600,数据位为 8,校验位为 None,停止位为 1,最后单击“打开串口”按钮。

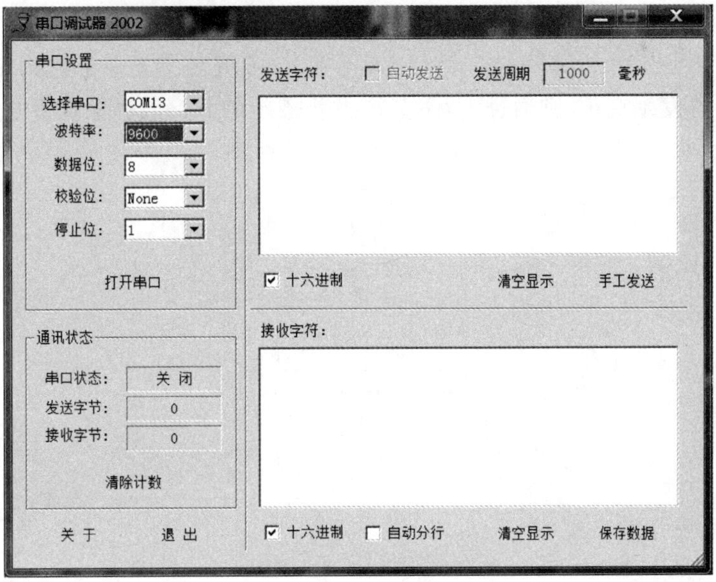

图 10.24　串口调试器设置

如图 10.25 所示,去掉右侧两个显示窗口下方的“十六进制”前面的勾选,输入发送字符 5,单击“手工发送”按钮,接着就可以看到返回数据“RXD=5”。

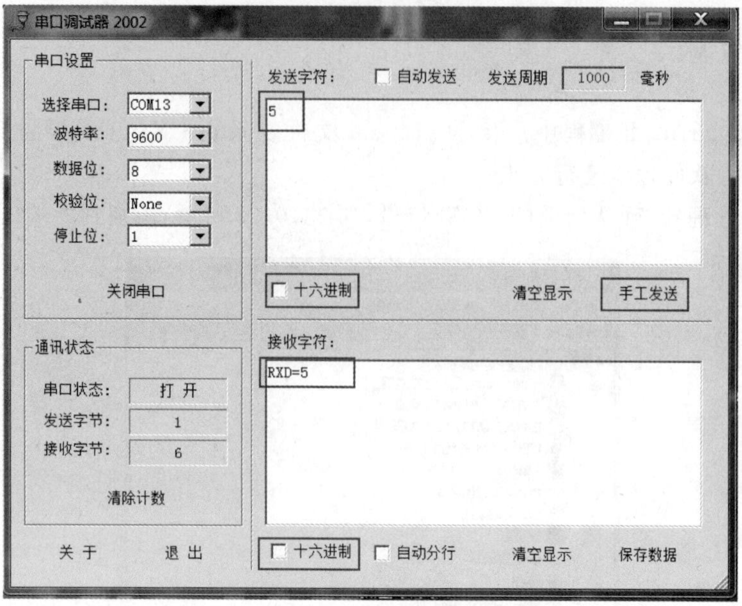

图 10.25　串口调试器收发数据

10.9　Nios Ⅱ实例之 RTC-UART 时间打印

10.9.1　软件功能概述

本实例对 UART 串口外设进行初始化,接着 Nios Ⅱ 处理器不断读取 RTC 芯片中的时、分、秒数据,若发生变化,则通过 UART 将当前最新的时、分、秒数据发送出去(PC 端串口调试助手显示变化的时间)。软件流程如图 10.26 所示。

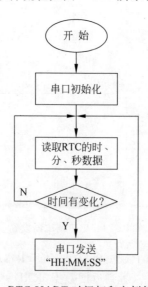

图 10.26　RTC-UART 时间打印实例软件流程图

10.9.2　软件代码解析

RTC 寄存器读取数据宏定义如下所示。

```
/////////////////////////////////////////////////////////
//宏定义

//RTC 芯片"时寄存器"数据读取函数
#define RTC_HOUR_READ() IORD(RTC_CONTROLLER_BASE,2)
//RTC 芯片"分寄存器"数据读取函数
#define RTC_MINI_READ() IORD(RTC_CONTROLLER_BASE,1)
//RTC 芯片"秒寄存器"数据读取函数
#define RTC_SECD_READ() IORD(RTC_CONTROLLER_BASE,0)
```

主函数如下所示。

```
/////////////////////////////////////////////////////////////
//函数名: main
//功  能: 主函数,以 9600bps 波特率,每秒通过 UART 发送一组"HH:MM:SS"格式的时间信息
//输  入: 无
//返  回: alt_u8
/////////////////////////////////////////////////////////////
int main()
{
    alt_u8 hour, minite, second;
    alt_u8 second_cache = 0;

    Uart_init(); //串口初始化函数

    while(1)
    {
        hour = (alt_u8) RTC_HOUR_READ();
        minite = (alt_u8) RTC_MINI_READ();
        second = (alt_u8) RTC_SECD_READ();

        if(second_cache != second) //判断秒寄存器是否发生变化,即每秒发送一组 UART 数据
        {
            second_cache = second;

            Uart_tx((hour >> 4) + 0x30);
            Uart_tx((hour & 0x0f) + 0x30);
            Uart_tx(':');
            Uart_tx((minite >> 4) + 0x30);
            Uart_tx((minite & 0x0f) + 0x30);
            Uart_tx(':');
            Uart_tx((second >> 4) + 0x30);
            Uart_tx((second & 0x0f) + 0x30);
```

```
                Uart_tx('\n');
            }
        }
    return 0;
}
```

10.9.3　板级调试

首先,将 Quartus Ⅱ 工程中产生的 cy4.sof 文件烧录到 CY4 开发板的 FPGA 中。接着,在 EDS 下将软件程序运行起来。

打开设备管理器,确认当前的 COM 端口号,本实例识别到的 COM 端口号是 COM13。

打开串口调试器,选择串口为 COM13,波特率为 9600,数据位为 8,校验位为 None,停止位为 1,最后单击"打开串口"按钮。

如图 10.27 所示,去掉右侧显示窗口下方的"十六进制"前面的勾选,随后每隔 1s 就能看到新的时间值打印出来。

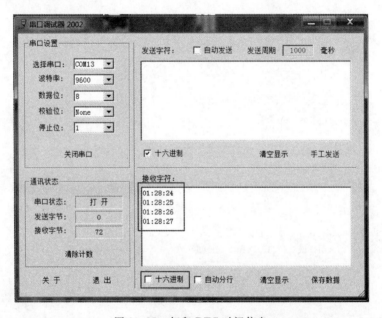

图 10.27　打印 RTC 时间信息

10.10　Nios Ⅱ 实例之 RTC-UART 时间重置

10.10.1　软件功能概述

本实例对 UART 串口外设进行初始化;接着 Nios Ⅱ 处理器不断读取 RTC 芯片中的时、分、秒数据,若发生变化,则通过 UART 将当前最新的时、分、秒数据发送出去,PC 端的串口调试器接收时间数据；同时，Nios Ⅱ 处理器也判断当前是否收到完整的 RTC 时间重置串口帧数据，若是，则进行 RTC 时间重置。软件流程如图 10.28 所示。

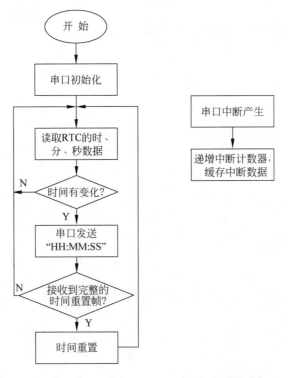

图 10.28　RTC-UART 时间重置实例软件流程图

10.10.2　软件代码解析

RTC 寄存器读取和写入数据宏定义如下所示。

```
/////////////////////////////////////////////////////////////////
//宏定义

//RTC 芯片"时寄存器"数据读取函数
#define RTC_HOUR_READ() IORD(RTC_CONTROLLER_BASE,2)
//RTC 芯片"分寄存器"数据读取函数
#define RTC_MINI_READ() IORD(RTC_CONTROLLER_BASE,1)
//RTC 芯片"秒寄存器"数据读取函数
#define RTC_SECD_READ() IORD(RTC_CONTROLLER_BASE,0)
//RTC 芯片"时寄存器"数据写入函数
#define RTC_HOUR_WRITE(wrdata) IOWR(RTC_CONTROLLER_BASE,2,wrdata)
//RTC 芯片"分寄存器"数据写入函数
#define RTC_MINI_WRITE(wrdata) IOWR(RTC_CONTROLLER_BASE,1,wrdata)
//RTC 芯片"秒寄存器"数据写入函数
#define RTC_SECD_WRITE(wrdata) IOWR(RTC_CONTROLLER_BASE,0,wrdata)
//RTC 芯片时、分、秒寄存器写入使能
#define RTC_WRITE_ENABLE() IOWR(RTC_CONTROLLER_BASE,3,0)
```

主函数如下所示。

```
///////////////////////////////////////////////////////////////////
//函数名：main
//功　能：主函数，以 9600bps 波特率，每秒通过 UART 发送一组"HH:MM:SS"格式的时间信息，同
//　　　　时 PC 端可以发送"HH:MM:SS"的字符串进行 RTC 时间重设
//输　入：无
//返　回：alt_u8
///////////////////////////////////////////////////////////////////
int main()
{
    alt_u8 hour, minite, second;
    alt_u8 second_cache = 0;

    Uart_init(); //串口初始化函数

    while(1)
    {
        hour = (alt_u8) RTC_HOUR_READ();
        minite = (alt_u8) RTC_MINI_READ();
        second = (alt_u8) RTC_SECD_READ();
        //判断秒寄存器是否发生变化，每秒发送一组 UART 数据
        if(second_cache != second)
        {
            second_cache = second;

            Uart_tx((hour >> 4) + 0x30);
            Uart_tx((hour & 0x0f) + 0x30);
            Uart_tx(':');
            Uart_tx((minite >> 4) + 0x30);
            Uart_tx((minite & 0x0f) + 0x30);
            Uart_tx(':');
            Uart_tx((second >> 4) + 0x30);
            Uart_tx((second & 0x0f) + 0x30);
            Uart_tx('\n');
        }

        if(rx_flag >= 8)
        {
            RTC_HOUR_WRITE(((uart_rx_temp[0]-0x30) * 16)
            + (uart_rx_temp[1]-0x30));
            RTC_MINI_WRITE(((uart_rx_temp[3]-0x30) * 16)
            + (uart_rx_temp[4]-0x30));
            RTC_SECD_WRITE(((uart_rx_temp[6]-0x30) * 16)
            + (uart_rx_temp[7]-0x30));
            RTC_WRITE_ENABLE();
            rx_flag = 0;
        }
    }

    return 0;
}
```

10.10.3　板级调试

首先,将 Quartus Ⅱ 工程中产生的 cy4. sof 文件烧录到 CY4 开发板的 FPGA 中。接着,在 EDS 下将软件程序运行起来。

打开设备管理器,确认当前的 COM 端口号,本实例识别到的 COM 端口号是 COM13。

打开串口调试器,选择串口为 COM13,波特率为 9600,数据位为 8,校验位为 None,停止位为 1,最后单击"打开串口"按钮。

如图 10.29 所示,去掉右侧显示窗口下方的"十六进制"前面的勾选,随后每隔 1s 就能看到新的时间值打印出来。与此同时,在发送字符下方输入设置的新时间"12:11:10",单击"手工发送"按钮,则接收字符下方的数据将即刻发生变化。

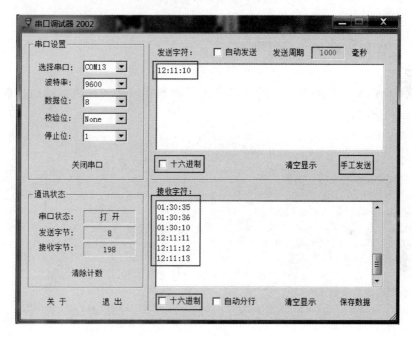

图 10.29　RTC 时间打印与重置

10.11　Nios Ⅱ 实例之超声波测距

10.11.1　软件功能概述

本实例不断地读取最新的超声波测距数据值,并将其显示到数码管。软件流程如图 10.30 所示。

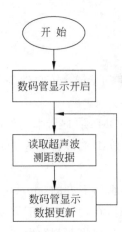

图 10.30　超声波测距实例软件流程图

10.11.2　软件代码解析

宏定义中,使用简单的 IOWR 函数可以读写数码管组件和超声波测距控制组件的地址,实现数据的访问。

```
/////////////////////////////////////////////////////////
//宏定义
//数码管外设显示数据写入函数
# define DIGITALTUBE_DISPLAY(display_num) IOWR(DIGITALTUBECONTROLLER_BASE,
0,display_num)
//数码管外设显示开启
# define DIGITALTUBE_ON() IOWR(DIGITALTUBECONTROLLER_BASE,1,0xf)
//数码管外设显示关闭
# define DIGITALTUBE_OFF() IOWR(DIGITALTUBECONTROLLER_BASE,1,0x0)
//超声波测距数据读取函数
# define ULTRASOUND_READ() IORD(ULTRASOUND_CONTROLLER_BASE,0)
```

主函数如下。

```
/////////////////////////////////////////////////////////
//函数名: main
//功  能: 主函数,读取超声波测距数据显示到数码管(十进制数据,单位 mm)
//参  数: 无
//返  回: int
//备  注:
/////////////////////////////////////////////////////////
int main(void)
{
    alt_u16 temp;
    alt_u32 dispaly_num;
```

```
    DIGITALTUBE_ON();                               //数码管显示开启

    while(1)
    {
        temp = (alt_u16) ULTRASOUND_READ();  //读取超声波测距数据
        dispaly_num = (((temp/1000)%10)<<24) + (((temp/100)%10)<<16) + (((temp/
10)%10)<<8) + (temp%10);                     //十进制数据转换为显示数据
        DIGITALTUBE_DISPLAY(dispaly_num);           //数码管外设显示数据写入函数
    }
    return 0;
}
```

10.11.3　板级调试

如图 10.31 所示,将超声波模块与 FPGA 板连接好,同时将 Quartus Ⅱ 工程中产生的 cy4. sof 文件烧录到 CY4 开发板的 FPGA 中。

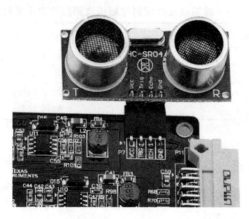

图 10.31　超声波测距模块与 FPGA 板连接

接着,在 EDS 下将程序运行起来。

然后可以拿一本书或其他平整的物体,在超声波测距模块前方来回晃动,就能看到数码管上不断更新最新采集到的超声波测距数据值。

10.12　Nios Ⅱ 实例之倒车雷达

10.12.1　软件功能概述

本实例不断地读取最新的超声波测距数据值,将其显示到数码管上,同时判断距离范围,控制蜂鸣器发出不同声响的效果。软件流程如图 10.32 所示。

蜂鸣器发声控制与超声波测距值的关系如表 10.5 所示。

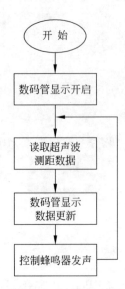

图 10.32　倒车雷达实例软件流程图

表 10.5　蜂鸣器发声控制与超声波测距值的关系列表

距　　离	蜂鸣器发声
s≤ 40cm	频率 0.5Hz,占空比 100％
40cm ＜ s≤ 75cm	频率 0.5Hz,占空比 80％
75cm ＜ s≤ 125cm	频率 1Hz,占空比 40％
125cm ＜ s≤ 200cm	频率 2Hz,占空比 20％

10.12.2　软件代码解析

主函数如下。

```
/////////////////////////////////////////////////////////
//函数名: main
//功  能: 主函数,数码管显示超声波测距结果,同时蜂鸣器发出不同频率声音,达到倒车雷达效果
//参  数: 无
//返  回: int
//备  注:
/////////////////////////////////////////////////////////
int main(void)
{
    alt_u32 temp;
    alt_u32 dispaly_num;
    DIGITALTUBE_ON();                          //数码管显示开启
    while(1)
    {
        temp = ULTRASOUND_READ();              //读取超声波测距数据
        dispaly_num = (((temp/1000)%10)<<24) + (((temp/100)%10)<<16) +
            (((temp/10)%10)<<8) + (temp%10);   //十进制数据转换为显示数据
```

```
            DIGITALTUBE_DISPLAY(dispaly_num);     //数码管外设显示数据写入函数

       if(temp <= 400)                                //距离≤400mm,长响
       {
           IOWR_ALTERA_AVALON_PIO_DATA(PIO_BEEP_BASE,1);        //拨码开关 ON
       }
       else if(temp <= 750)                          //400mm < 距离≤750mm,2Hz,8%占空比
       {
           IOWR_ALTERA_AVALON_PIO_DATA(PIO_BEEP_BASE,1);        //拨码开关 ON
           usleep(40000);
           IOWR_ALTERA_AVALON_PIO_DATA(PIO_BEEP_BASE,0);        //拨码开关 OFF
           usleep(460000);
       }
       else if(temp <= 1250)                         // 750mm < 距离≤1250mm,2Hz,16%占空比
       {
           IOWR_ALTERA_AVALON_PIO_DATA(PIO_BEEP_BASE,1);        //拨码开关 ON
           usleep(80000);
           IOWR_ALTERA_AVALON_PIO_DATA(PIO_BEEP_BASE,0);        //拨码开关 OFF
           usleep(420000);
       }
       else if(temp <= 2000)                         // 1250mm < 距离≤2000mm,2Hz,32%占空比
       {
           IOWR_ALTERA_AVALON_PIO_DATA(PIO_BEEP_BASE,1);        //拨码开关 ON
           usleep(160000);
           IOWR_ALTERA_AVALON_PIO_DATA(PIO_BEEP_BASE,0);        //拨码开关 OFF
           usleep(340000);
       }
       else                                          //距离 > 2000mm,长关
       {
           IOWR_ALTERA_AVALON_PIO_DATA(PIO_BEEP_BASE,0);        //拨码开关 OFF
       }
   }
   return 0;
}
```

这里定时读取超声波模块的最新距离数据,将其显示到数码管中,同时判断当前的距离,发出不同的蜂鸣器发声占空比控制命令,实现距离越近发声占空比越高的效果。

10.12.3　板级调试

首先,连接好超声波模块,同时将 Quartus Ⅱ工程中产生的 cy4.sof 文件烧录到 CY4 开发板的 FPGA 中。

接着,在 EDS 下将程序运行起来。

然后可以拿一本书或其他平整的物体,在超声波测距模块前方来回晃动,就能看到数码管上不断更新最新采集到的超声波测距数据值,并且在相应的距离范围内,蜂鸣器发出声响的音调是不同的。

10.13   Nios Ⅱ实例之矩阵按键值采集

10.13.1   软件功能概述

本实例首先初始化矩阵按键组件的中断,即开启中断并对中断函数进行注册;然后开启数码管显示;随后等待矩阵按键中断产生,若产生按键中断,则采集键值,显示到数码管最末位(最右边一位),同时将数码管显示整体左移一位。软件流程如图 10.33 所示。

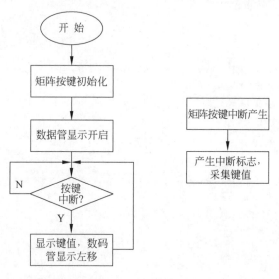

图 10.33   矩阵按键值采集实例软件流程图

矩阵按键对应的键值如图 10.34 所示。

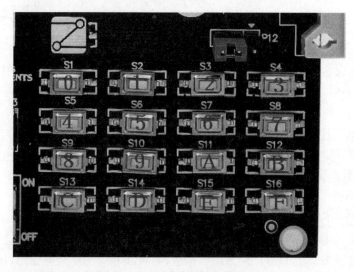

图 10.34   矩阵按键的键值定义

10.13.2 软件代码解析

矩阵按键的初始化代码如下。该函数主要负责开启中断,并对中断函数进行注册。

```
///////////////////////////////////////////////////////////////
//函数名:init_button
//功    能:Button 外设初始化函数
//参    数:无
//返    回:无
//备    注:
///////////////////////////////////////////////////////////////
void init_button(void)
{
    //注册定时器中断函数
    alt_irq_register(BUTTONCONTROLLER_IRQ, BUTTONCONTROLLER_BASE, handle_
button_interrupts);
    //注册中断函数
/ * alt_ic_isr_register(BUTTONCONTROLLER_IRQ_INTERRUPT_CONTROLLER_ID,
                        BUTTONCONTROLLER_IRQ,
                        handle_button_interrupts,
                        NULL,
                        NULL); * /
    //启动 timer 允许中断
    BUTTON_INTERRUPT_ON();
    //清除标志位
    flag = 0;
}
```

矩阵按键的中断函数如下所示。该函数采集键值存储到变量 button_value 中,并且拉高中断标志位 flag。

```
///////////////////////////////////////////////////////////////
//函数名:handle_button_interrupts
//功    能:秒定时中断处理函数
//参    数:无
//返    回:无
//备    注:
///////////////////////////////////////////////////////////////
static void handle_button_interrupts(void)
{
    button_value = BUTTON_INPUT();
    flag = 1;
}
```

主函数如下所示。

```
/////////////////////////////////////////////////////////////
//函数名：main
//功　能：主函数，数码管从最低位依次输入最新的按键值（十六进制格式）
//参　数：无
//返　回：int
//备　注：
/////////////////////////////////////////////////////////////
int main(void)
{
    alt_u32 display_num = 0;    //数码管显示数据：bit15~12——千位，bit11~8——百位，
                                //bit7~4——十位，bit3~0——个位

    init_button();                              //Button 外设初始化函数
    DIGITALTUBE_ON();                           //数码管显示开启

    while(1)
    {
        if(flag)
        {
            flag = 0;
            display_num = (display_num<<8) + (button_value&0xf);
            DIGITALTUBE_DISPLAY(display_num);   //数码管外设显示数据写入函数
        }
    }
    return 0;
}
```

10.13.3　板级调试

确认 CY4 开发板上用跳线帽短路插座 P12 的 pin2~3。将 Quartus Ⅱ工程中产生的 cy4. sof 文件烧录到 CY4 开发板的 FPGA 中。接着，在 EDS 下将程序运行起来。然后就可以随意按下 CY4 开发板右下角的 4×4 矩阵按键，同时观察数码管上键值显示的变化。

10.14　Nios Ⅱ 实例之矩阵按键可调的 ADC/DAC 实例

10.14.1　软件功能概述

本实例首先初始化矩阵按键组件的中断，即开启中断并对中断函数进行注册；然后开启数码管显示；随后等待矩阵按键中断产生，若产生按键中断，则采集键值，显示到数码管的低 2 位，同时数码管的低 2 位数据送给 DAC 芯片。20ms 延时后，Nios Ⅱ处理器接着采集 ADC 芯片（DAC 芯片的输出和 ADC 芯片的输入相连接，即 CY4 开发板上的插座 P12 的

pin2～3 短接,P10 的 pin1～2 短接),ADC 值显示到数码管的高 2 位。软件流程如图 10.35 所示。

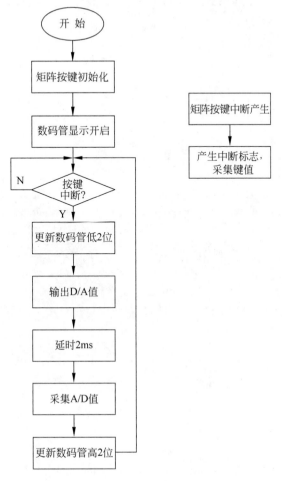

图 10.35　矩阵按键可调的 ADC/DAC 实例软件流程图

10.14.2　软件代码解析

主函数程序如下所示。

```
/////////////////////////////////////////////////////////////
//函数名：main
//功　　能：主函数,将按键输入数据以十六进制形式显示到数码管低 2 位,同时 D/A 输出该数据,
//　　　　　A/D 采集数据后显示到数码管高 2 位
//参　　数：无
//返　　回：int
//备　　注：
/////////////////////////////////////////////////////////////
```

```
int main(void)
{
    alt_u16 display_numh = 0; //数码管显示数据：bit15～8——千位，bit7～0——百位
    alt_u16 dispaly_numl = 0; //数码管显示数据：bit15～8——十位；bit7～0——个位
    alt_u8 temp;

    init_button();                          //Button 外设初始化函数
    DIGITALTUBE_ON();                       //数码管显示开启

    while(1)
    {
        if(flag)
        {
            flag = 0;
            dispaly_numl = (dispaly_numl<<8) + (button_value & 0xf);
            temp = ((dispaly_numl&0xf00)>>4) + (dispaly_numl&0xf);
            DAC_OUTPUT(temp);               //发送 D/A 数据
            usleep(20000);                  //延时 20ms
            display_numh = ADC_INPUT();     //读取当前 A/D 值
            display_numh = ((display_numh&0xf0)<<4) + (display_numh&0xf);
            //数码管外设显示数据写入函数
            DIGITALTUBE_DISPLAY(dispaly_numl + (display_numh<<16));
        }
    }
    return 0;
}
```

10.14.3　板级调试

确认 CY4 开发板插座 P12 的 pin2～3 短接，P10 的 pin1～2 短接。将 Quartus Ⅱ 工程中产生的 cy4.sof 文件烧录到 CY4 开发板的 FPGA 中。接着，在 EDS 下将程序运行起来。然后就可以随意按下 CY4 开发板右下角的 4×4 矩阵按键，同时观察数码管上键值显示的变化。即数码管的高 2 位和低 2 位的值应当一致，或者有＋2 或-2 的偏差也正常。

10.15　Nios Ⅱ 实例之计算器

10.15.1　软件功能概述

本实例首先初始化矩阵按键组件的中断，即开启中断并对中断函数进行注册；然后开启数码管显示；随后等待矩阵按键中断产生，若产生按键中断，则采集键值，采集到的键值将会显示到数码管上。

计算器功能的操作如下：首先单击两个数字按键，显示到数码管的右侧两位，作为第一个运算数；接着需要单击"＋""－""＊""/"任意一个符号对应的按键，单击完成后，数码管

右侧两位数据移动到左侧,同时右侧两位数据清零;继续输入两位数据到数码管右侧两位,作为第二个运算数;最后单击"="符号对应的按键,数码管将输出运算结果。软件流程如图 10.36 所示。

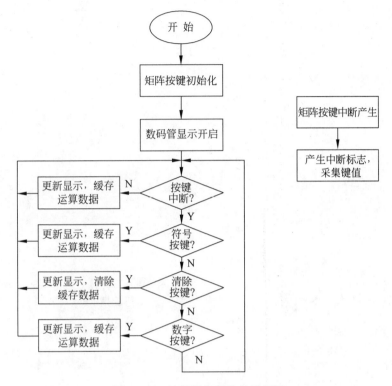

图 10.36　计算器实例软件流程图

矩阵按键对应的键值如图 10.37 所示。

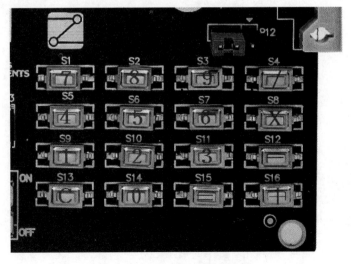

图 10.37　矩阵按键键值映射

10.15.2　软件代码解析

主函数程序如下所示。

```
///////////////////////////////////////////////////////////
//函数名: main
//功　能: 主函数,实现两位数的运算
//参　数: 无
//返　回: int
//备　注:
///////////////////////////////////////////////////////////
int main(void)
{
    alt_u32 display_num = 0;        //数码管显示数据: bit31~24——千位,bit23~16——百位,
                                    //bit15~8——十位,bit7~0——个位

    alt_u8 num1 = 0, num2 = 0;              //两个运算数
    alt_u8 symbol = 0;             //符号变量,0 为没有操作,1 为"+",2 为"-",3 为"×",4 为"/"
    alt_u8 new_value = 0;                   //存储最新的 2 位运算数

    init_button();                          //Button 外设初始化函数
    DIGITALTUBE_ON();                       //数码管显示开启

    //除数 2 位,被除数 2 位
    //乘数 2 位,被乘数 2 位
    //加数 2 位,被加数 2 位
    //减数 2 位,被减数 2 位
    while(1)
    {
        if(flag)
        {
            flag = 0;
            if(button_value == 3)          //除号
            {
                symbol = 4;
                new_value = 0;
            }
            else if(button_value == 7)     //乘号
            {
                symbol = 3;
                new_value = 0;
            }

            else if(button_value == 11)    //减号
            {
                symbol = 2;
                new_value = 0;
            }
```

```
        else if(button_value == 12)        //清除
        {
            display_num = 0;
            symbol = 0;
            num1 = 0;
            num2= 0;
            new_value = 0;
        }

        else if(button_value == 15)        //加号
        {
            symbol = 1;
            new_value = 0;
        }

        else if(button_value == 14)        //"="号,进行运算
        {
            if(symbol == 1) display_num = num1 + num2;
            else if(symbol == 2) display_num = num1 - num2;
            else if(symbol == 3) display_num = num1 * num2;
            else if(symbol == 4) display_num = num1 / num2;
            display_num = ((display_num / 1000)<<24) + (((display_num / 100)%10)
<<16) + (((display_num / 10)%10)<<8) + (display_num % 10);
            symbol = 0;
            new_value = 0;
        }

        else
        {
            //最新输入的数据键值译码
            if(button_value == 13) new_value = (new_value<<4);
            else if(button_value == 8) new_value = (new_value<<4) + 1;
            else if(button_value == 9) new_value = (new_value<<4) + 2;
            else if(button_value == 10) new_value = (new_value<<4) + 3;
            else if(button_value == 4) new_value = (new_value<<4) + 4;
            else if(button_value == 5) new_value = (new_value<<4) + 5;
            else if(button_value == 6) new_value = (new_value<<4) + 6;
            else if(button_value == 0) new_value = (new_value<<4) + 7;
            else if(button_value == 1) new_value = (new_value<<4) + 8;
            else if(button_value == 2) new_value = (new_value<<4) + 9;

            //键值锁存到运算数
            if(symbol == 0) num1 = (new_value>>4) * 10 + (new_value&0xf);
            else num2 = (new_value>>4) * 10 + (new_value&0xf);

            display_num = ((new_value&0xf0)<<4) + (new_value&0xf);
        }

        DIGITALTUBE_DISPLAY(display_num);    //数码管外设显示数据写入函数
        }
    }
    return 0;
}
```

10.15.3　板级调试

确认 CY4 开发板的插座 P12 的 pin2～3 短接。将 Quartus Ⅱ工程中产生的 cy4. sof 文件烧录到 CY4 开发板的 FPGA 中。接着,在 EDS 下将程序运行起来。

然后就可以按下 CY4 开发板有下角的 4×4 矩阵按键,进行 2 位数据的加减乘除运算。建议大家如下进行运算测试:

(1) 单击清除按键(C),将所有运算状态复位。

(2) 按下 2 次数字按键(0～9 的任意按键),作为第一个运算数。

(3) 按下运算符号(＋、－、×、/)。

(4) 再次按下 2 次数字按键(0～9),作为第二个运算数。

(5) 按下"＝"号输出运算结果。

## 第11章

FPGA 器件的代码固化

基于 Nios Ⅱ 处理器的 FPGA 器件代码固化和一般只有 FPGA 逻辑的代码固化不同，通常它除了正常的 FPGA 逻辑部分代码需要固化外，还有 Nios Ⅱ 处理器的程序代码也需要固化。在我们这个实验平台上，使用 FPGA 片内存储器作为 Nios Ⅱ 处理器的代码存储器，它的固化只需要做一些简单配置，就可以在生成逻辑代码部分的烧录文件时，将 Nios Ⅱ 处理器的代码集成在一起，这样就可以使用一个烧录文件完成 FPGA 器件的固化了。

11.1 嵌入式软件 HEX 文件生成

以应用工程 nios2ex5 的固化为例。打开 EDS，导入应用工程 nios2ex5 和 BSP 工程 nios2bsp。打开 nios2bsp 工程的 BSP Editor 页面，如图 11.1 所示，选择 Settings→Advanced→hal→linker，然后勾选 allow_code_at_reset 选项。

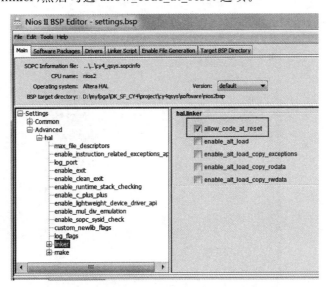

图 11.1　BSP Editor 界面 hal. linker 配置

设置该选项的目的是在确保 FPGA 使用了片内存储器作 Nios Ⅱ 处理器代码存储器时，在 FPGA 逻辑运行起来以后，Nios Ⅱ 处理器复位后直接可以从片内存储器开始运行代码，而无须其他复杂的启动方式。关于图 11.1 中各个选项的具体含义，可以参考 Altera 官方文档 edh_ed_handbook.pdf。

接着分别重新编译 nios2bsp 工程和应用工程 nios2ex5。

随后，如图 11.2 所示，在应用工程 nios2ex5 上单击右键，选择菜单 Make Targets→Build。

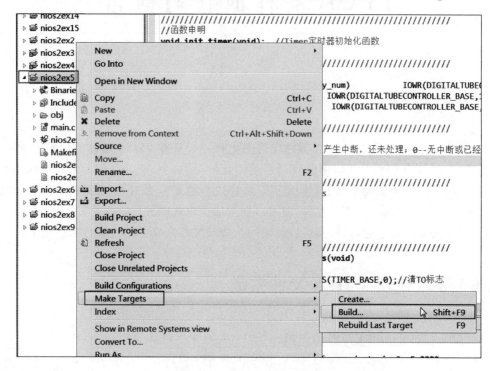

图 11.2　Make Targets 菜单

如图 11.3 所示，选择 mem_init_generate，然后单击 Build 按钮。

图 11.3　mem_init_generate 选项

此时,可以来到"…\cy4qsys\software\nios2ex5\mem_init"文件夹。如图 11.4 所示, cy4_qsys_onchip_mem. hex 这个文件就是软件工程代码对应的十六进制 HEX 文件。换句话说,这个 HEX 文件就是 Nios Ⅱ处理器的软件代码。

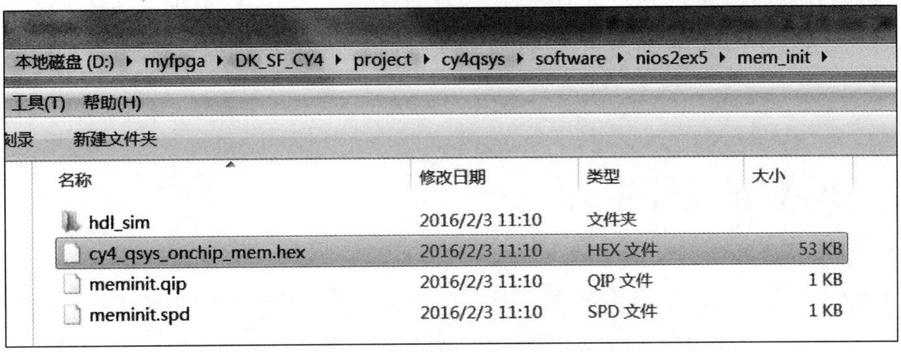

图 11.4 　 HEX 文件生成

11.2 　 程序存储器初始化文件加载

打开 CY4 的 Quartus Ⅱ工程,进入 Qsys 界面。如图 11.5 所示,双击 onchip_mem 组件。

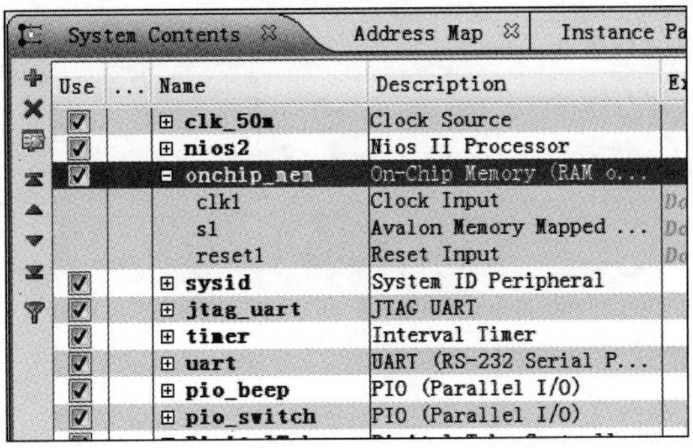

图 11.5 　 双击 onchip_mem 组件

如图 11.6 所示,在弹出的配置页面中,找到 Memory initialization 配置部分并展开,勾选 Initialize memory content 和 Enable non-default initialization file 两个选项,User created initialization file 的文件设置为前面刚刚生成的 vip_qsys_onchip_mem. hex 文件。

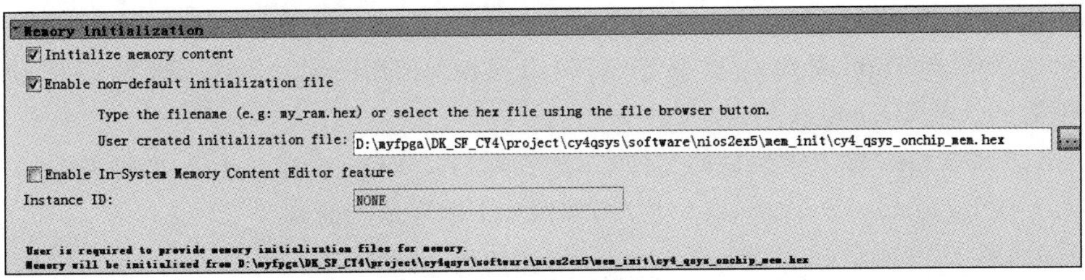

图 11.6 　 onchip_mem 组件的存储器初始化选项卡

重新生成 Qsys 工程,随后重新编译整个 Quartus Ⅱ 工程并产生新的 cy4.sof 文件。现在生成的 cy4.sof 文件,和以前没有任何软件运行的 cy4.sof 文件已经大不一样了。如果将这个 cy4.sof 文件通过 JTAG 在线烧录到 FPGA 器件中,则会直接运行 nios2ex5 的软件程序,即可以看到数码管的数据在递增。sof 文件只能在线烧录,接下来需要将 sof 文件转换为 jic 文件,实现 SPI Flash 的固化,这样重新上电后,FPGA 器件就会运行 nios2ex5 软件程序了。

11.3　JIC 烧录文件生成

在 Quartus Ⅱ 中,如图 11.7 所示,选择菜单 File→Convert Programming Files。

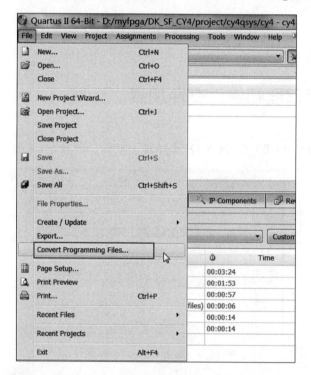

图 11.7　Convert Programming Files 菜单

弹出转换窗口后,设置如图 11.8 所示,窗口的设置说明如下:

(1) Output programming file 下的 Programming file type:选择需要转换的文件类型 JTAG Indirect Configuration File (.jic)。

(2) Configuration device:选择 SF-CY4 开发板上使用的配置器件 EPCS4(和 M25P40 完全兼容的 SPI Flash)。

(3) File name:输入转换后的文件名,命名为 cy4.jic(在 output_files 文件夹下)。

(4) 在 Input files to convert 一栏中,按照如下顺序依次操作。

① 如图 11.9 所示,单击 Flash Loader 所在的行,然后单击右侧的 Add Device 按钮。

② 在弹出的 Select Devices 窗口中,如图 11.10 所示,依次勾选 Cyclone IV E→

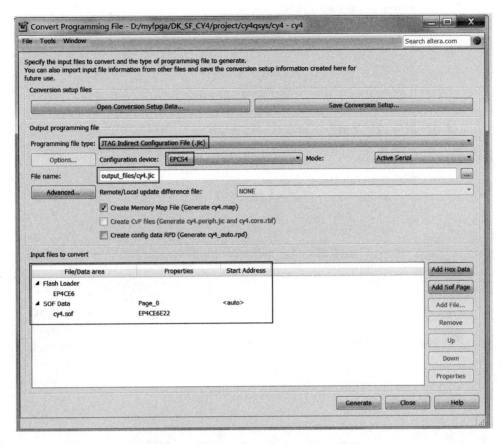

图 11.8 Convert Programming Files 设置

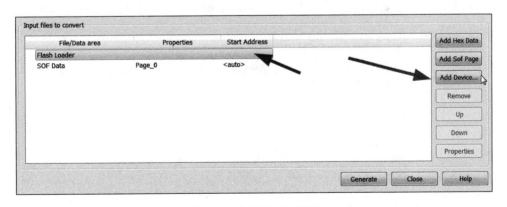

图 11.9 Add Device 操作

EP4CE6,然后单击 OK 按钮。

③ 如图 11.11 所示,单击 SOF Data 所在行,然后单击右侧的 Add File 按钮。

④ 在弹出的窗口中,如图 11.12 所示,选择 output_files 文件夹下的 cy4.sof 文件。

完成设置后,单击 Generate 生成 * .jic,弹出如图 11.13 所示的提示信息,表示成功生成 jic 文件。

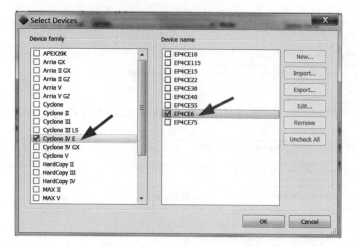

图 11.10　Select Devices 窗口

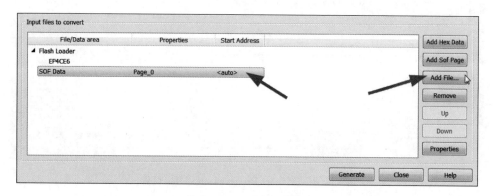

图 11.11　Add File 操作

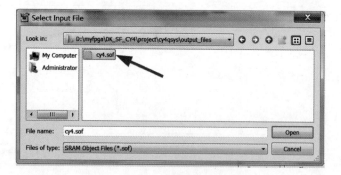

图 11.12　Select Input File 窗口

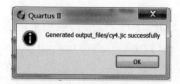

图 11.13　jic 文件成功生成

11.4　JTAG 烧录配置

打开 Quartus Ⅱ 的 Programmer 页面,如图 11.14 所示,单击 Add File 按钮将刚刚生成的 jic 文件加载进来(File 下若有其他文件,请删除),并且确保勾选 Program/Configure 所在列。

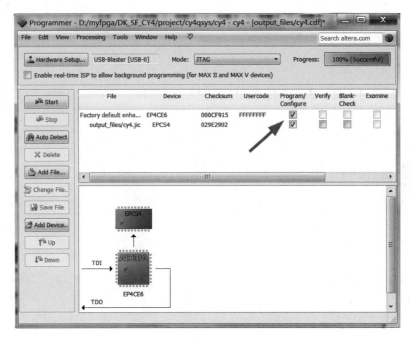

图 11.14　Programmer 页面

单击 Start 按钮执行下载操作,等待进度条到 100%,表示下载完成,jic 文件的下载要比 sof 文件的下载慢很多,要 10s 多才能完成。

完成下载后,SF-CY4 板子默认处于不工作状态,需要重启开发板,重启后就能看到最新下载的代码已经固化到 SPI Flash 中,并且掉电后重启仍然可以运行。

教 学 资 源 支 持

敬爱的教师：

感谢您一直以来对清华版计算机教材的支持和爱护。为了配合本课程的教学需要，本教材配有配套的电子教案(素材)，有需求的教师请到清华大学出版社主页(http://www.tup.com.cn)上查询和下载，也可以拨打电话或发送电子邮件咨询。

如果您在使用本教材的过程中遇到了什么问题，或者有相关教材出版计划，也请您发邮件告诉我们，以便我们更好地为您服务。

我们的联系方式：

地　　址：北京海淀区双清路学研大厦 A 座 707

邮　　编：100084

电　　话：010－62770175－4604

课件下载：http://www.tup.com.cn

电子邮件：weijj@tup.tsinghua.edu.cn

教师交流 QQ 群：136490705

教师服务微信：itbook8

教师服务 QQ：883604

(申请加入时，请写明您的学校名称和姓名)

用微信扫一扫右边的二维码，即可关注计算机教材公众号。

扫一扫
课件下载、样书申请
教材推荐、技术交流